科学技术发展与现代化建设研究

李菊青 著

天津社会科学院出版社

图书在版编目（CIP）数据

科学技术发展与现代化建设研究 / 李菊青著.

天津 ： 天津社会科学院出版社，2024. 6. -- ISBN 978

-7-5563-0976-4

Ⅰ．N120.1；D61

中国国家版本馆 CIP 数据核字第 20243SQ721 号

科学技术发展与现代化建设研究

KEXUE JISHU FAZHAN YU XIANDAIHUA JIANSHE YANJIU

选题策划： 韩　鹏
责任编辑： 付聿炜
装帧设计： 高馨月
出版发行： 天津社会科学院出版社
地　　址： 天津市南开区迎水道 7 号
邮　　编： 300191
电　　话： （022）23360165
印　　刷： 河北万卷印刷有限公司
开　　本： 710×1000　　1/16
印　　张： 16.25
字　　数： 230 千字
版　　次： 2024 年 6 月第 1 版　　2024 年 6 月第 1 次印刷
定　　价： 98.00 元

前　言

　　在探索现代化的长河中，科学技术发展一直是推动社会进步和国家繁荣的重要动力。在全球化和技术迅速发展的当下，科技已经成为推动社会发展、改善人民生活质量的关键力量。科技的每一次进步都在重新定义我们对未来的预期，也在不断推动社会向着更高层次的现代化迈进。在这一背景下，本书《科学技术发展与现代化建设研究》分八个篇章深入分析了科学技术如何成为现代化进程中不可或缺的推动力，进一步解析科学技术在现代化建设中的重要作用及其对社会进步的深远影响。

　　第一章"科学技术发展与现代化建设概述"梳理了科学、技术与现代化的基本概念和内在联系。通过探讨全球视野下的科技与现代化建设，以及中国特色现代化的提出和基本内涵，本章旨在为读者提供一个全面的理解框架，使他们能够从更广阔的视角理解科技在全球化背景下的演进趋势，并深入剖析中国在现代化道路上所面临的特殊挑战和机遇。

　　第二章"中国式现代化建设的历史进程与科技突破"追溯了中国在现代化进程中的历史脉络，从早期的尝试与探索，到大规模工业化和技术转移，再到科技体制的建设与突破。本章不仅是对过去的回顾，也为理解当前和未来的科技创新提供了宝贵的历史视角和经验教训。

　　第三章"中国式现代化建设的核心动力：科技现代化"从科技现代化的内涵、作用到驱动因素分析，再到科技现代化驱动中国式现代化建设的历史经验、价值向度和实践路径等多个角度，更加深入地探讨科技现代化在推动中国式现代化建设中的核心作用。

在接下来第四章至第七章中，继续深化探讨科学技术在不同领域中的应用与影响，如在经济建设、"两个文明"协调发展、国家治理以及生态文明建设方面的独特作用。通过具体案例，本部分展示了科技如何在现代化进程中发挥关键作用，以及如何通过科技发展来应对现代社会所面临的各种挑战。

最后，本书在第八章"科学技术发展助力中国式现代化建设的重要保障"中，强调了理念保障、制度保障、人才保障和安全保障在科技创新型国家建设中的关键作用，多维度的保障为科技发展助力中国式现代化建设保驾护航。

在整个探讨过程中，本书尽可能地结合历史与现实、理论与实践，不仅为读者提供了一个全面的视角来理解科技与现代化的关系，也为中国特色的现代化道路提供了深刻的洞察。希望本书能为读者提供有价值的参考，帮助理解在全球化背景下科学技术的发展如何与国家的现代化建设相互影响和促进。

本书旨在为广大读者，特别是科技工作者、政策制定者、学术研究者提供一个深入的研究视角，以期对于中国乃至全球的现代化进程提供有益的启示和指导。期待本书能够激发更多的思考和讨论，为探索科学技术与现代化建设之间的深刻联系提供新的视角和理论支持。

目　录

第一章　科学技术发展与
现代化建设概述

第一节　科学、技术与现代化的相关概念

一、科学的内涵与特征

（一）科学的含义

科学，源自拉丁文"scientia"，意为"学问"或"知识"。在 16 世纪末引入中国时，最初被译为"格致"，指通过接触事物获得知识。19 世纪末，随着康有为和严复将其译为"科学"，这一词汇在中国得到广泛推广。

从 19 世纪中后期开始，科学的社会功能日益增强，其在社会生活和公众心目中的地位显著提升。科学不仅是指研究自然的学科，而且常作为形容词使用（如"科学的"），在日常生活中几乎成为衡量事物真伪和陈述正确与否的标准。然而，尽管科学在生活中极为常见，关于科学的确切

定义却存在诸多争议。

科学学的创始人贝尔纳认为，由于科学在它的历史发展中表现为建制、方法、知识、生产力和信仰等形象，体现出不同的特征，因此是难以定义的。[①]尽管定义科学存在诸多挑战，但人类的本性和求知欲望推动着我们不断探索科学的本质。科学被广泛理解为涵盖自然、社会和思维领域的知识体系。它不仅仅是对这些领域的知识的集合，而是一个反映这些领域本质和规律的准确体系。科学还被视为一种系统化的实证知识，这意味着它基于实验证据和观察，强调了知识的实用性和可验证性。通过这些定义，科学揭示了它作为人类理解世界和形成知识的核心工具的角色。

（二）科学反映的是一种规律和本质

科学追求的不仅是表象下的知识，更是深入到自然、社会和思维的本质和规律。这意味着科学努力揭示事物运作的基本原理，寻求解释和理解世界的普遍规律。1888 年，达尔文这样定义科学："科学就是整理事实，从中发现规律，做出结论。"科学作为一种知识体系，其根基深植于实践，并通过实践得到验证。这一体系不仅仅是关于事物表象的描述，更是深入探索并反映了客观事物的本质及其运动规律。科学理论在逻辑结构上具有一致性，它们能够自洽，即在内部逻辑上没有矛盾。同时，科学理论具备可检验性，这意味着理论提出的预测可以通过实践或观察进行验证。在现实世界中，许多科学预测已被实验证实，这进一步证明了科学理论对现实世界的有效反映。科学的这种特性使得它成为理解世界本质和规律的重要工具，为人类提供了探索并解释自然界和社会现象的可靠途径。

通常意义上，我们把科学分为自然科学和社会科学。自然科学关注于研究自然界的各种现象，包括无机自然界和有机自然界，其中也包括人的生物属性。它探究自然界物质的类型、状态、属性及其运动方式。近现代自然科学突出表现在其对事物自然性和客观性的反映，特点是清晰性、准

---

① 吴炜，程本学，李珍：《自然辩证法概论》，中山大学出版社，2019，第 53 页。

确性和标准性。它主要采用理性演绎的思维方式，强调二元对立的逻辑，也常被视为技术科学。它的世界观以机械形而上学为基础，构建出一个机械化、标准化、模式化的世界图景。其方法论是还原论，即通过将复杂的现象简化为基本的元素来理解。

与此相对的，社会科学则专注于研究人类社会现象，它是一门以人类社会的模型为研究对象的系统科学。社会科学中的系统性思维融合了主观性和社会性元素，这种思维方式往往结合感性直观和理性。它的特点是复杂性、非线性和过程性，能够同时容纳"非此即彼"和"亦此亦彼"的观点。社会科学在中国传统文化中尤其融入了辩证法和人文精神，表现出其独特的系统论世界观和方法论。

因此，无论是自然科学还是社会科学，科学总体上反映了世界的规律和本质。这两个领域虽然在研究方法和思维方式上有所差异，但它们共同构成了我们理解和解释世界的科学框架。通过这两个方面的相互补充，科学为我们提供了一个全面且深入的视角来探索和理解我们所处的世界。

（三）科学的系统特性

科学是基于实验证据和观察的系统化知识。这意味着科学知识不是凭空想象的，而是通过观察、实验和逻辑推理获得。这种方法确保了科学知识的可靠性和有效性。科学的这种系统性不仅体现在其方法论上，也体现在知识本身的组织和结构上，即科学知识是有序、逻辑性强且相互关联的。

科学的系统性是其核心特征之一，它体现在科学知识的获取上。科学知识的获取基于实验证据和观察，这一过程严格遵循方法论。这种方法论不是随意或主观的，而是建立在客观的观察和实验基础之上，通过逻辑推理进行验证和解释。这样的方法论确保了科学知识的可靠性和有效性，使得科学不是一系列随意的猜测，而是可信赖的事实和理论的集合。

科学知识的系统性不仅体现在其获取过程中，还体现在其组织结构上。科学知识是有序和逻辑性强的，它不是孤立无关的信息片段，而是一个相互关联和支持的知识网络。这种知识体系的构建使得科学能够对现象进行更加深入和全面的解释。

另外，科学的系统性还表现在其不断的发展和进化中。科学知识并非一成不变，而是随着新的发现和理论不断更新和扩展的。这种进化过程是科学发展的一个重要特征，它使得科学能够适应新的证据和理解，保持其知识体系的活力和相关性。科学的历史就是一个不断发展、深化和修正理解的过程。每当新的观察和实验结果出现，科学家们就会重新评估现有的理论，必要时对其进行修改或替换，从而使科学知识体系保持最新和最准确。

因此，科学是基于实证、有序、逻辑性强且不断发展的知识体系，系统性是其最核心的特征之一。这种系统性不仅使科学成为理解世界的可靠工具，也使其成为人类知识进步的动力源泉。通过不断的探索、验证和修正，科学不断推动着我们对世界的理解向更深、更广的层面发展。

（四）科学概念认识的误区

我们不能片面去理解科学的某一概念，科学常被简化为"知识体系"或"实证知识"的定义，但这种观点存在明显的局限性。将科学视为静态的知识体系忽视了它的动态和多面性，限制了对科学全貌的理解。这种定义让科学看起来与日常生活和公众隔绝，带有一定的"学术化"倾向，不利于理解科学在现代社会中的实际作用和影响。

另外，将科学等同于绝对的"真理"也是一种过时的观点。这种独断论忽略了科学的可错性和历史性，没有考虑到科学知识是不断发展和修正的。科学不仅是对事物的本质和规律的探索，它还包括对事物运作方式的不断学习和理解。科学研究包含科学问题、科学事实、科学规律和科学理论四个层面。这些层面相互依存，相互促进，而不仅仅是规律和理论的建立。科学问题的提出和科学事实的发现同样重要，它们是构建规律和理论的基础。

科学的这种多层次性意味着，单纯从本质和规律的角度理解科学是不够全面的。例如，某些科学规律可能仅仅是经验规律，并不一定反映事物的本质。科学研究的过程中，发现新的事实和提出新的问题同样重要。爱因斯坦说过："提出一个问题往往比解决一个问题更重要。"[①] 海森伯（亦译为海森堡）也曾告诉我们："提出正确的问题往往等于解决了问题的大半。"[②] 波普尔亦提出科学始于问题的观点，这些都突显了科学研究中问题和事实的重要性。

因此，理解科学时需要超越传统的、狭隘的定义，认识到科学是一个动态、多维和不断发展的过程。科学不仅仅是一套固定的知识体系，更是一个涉及问题提出、规律探索和理论建构等多个方面的复杂活动。这种更全面的视角有助于更好地理解科学在现代世界中的角色和价值。

二、技术的相关概念

（一）技术的产生与发展

技术作为人类生产实践的直接产物，始于工具的制造。这一过程不仅推动了人类社会生产的巨大变革，而且与文明的发展息息相关。例如，人类掌握生火的技术引发了生产和生活方式的根本变革，如从生食到熟食的转变，食物范围的扩大，寿命的延长，以及陶器和金属加工技术的出现。制火、金属冶炼、机械制造等技术的发展，不仅提高了生产效率，也催生了不同的社会形态，从原始社会到奴隶社会，再到封建社会……

技术的进步与社会结构和产业结构的变化紧密相连。它直接影响劳动生产率和劳动密度，是科学知识物化的核心。农业技术的完善促进了封建社会的形成，而冶炼、机械、纺织技术和蒸汽机的发明则开启了大工业生产，导致社会生产关系的专业化和社会化，进而引发了阶级关系的新转变，带领人类进入了资本主义阶段。如今，我们处于原子能、空间、计算

---

① A.爱因斯坦，L.英费尔德：《物理学的进化》，周肇威译，上海科学技术出版社，1962，第 66 页。

② W.海森伯：《物理学和哲学》，范岱年译，商务印书馆，1981，第 8 页。

机时代，这些都是技术变革推动社会面貌改变的例证。

技术不仅仅是物质工具的创造和应用，它还是推动社会发展和变革的主要动力。技术的发展不断改变人类的生产方式和生活方式，塑造社会结构和文化形态。所以说，技术是连接科学与社会的桥梁，是人类文明进步的关键因素。

（二）技术的定义

全球对于技术的定义主要分为两大学派。一种观点认为技术是社会生产体系中的劳动手段，这意味着技术主要关注于生产过程中使用的工具和方法。另一种观点则将技术视为科学理论的应用，强调技术是科学知识在实践中的具体体现。日本物理学家江崎玲于奈的观点代表了这一思想，他认为技术是以明确目的为导向，利用自然科学知识来控制自然的过程。

在日本战后的科学和技术发展中，重科学与重技术的争论实际上是围绕技术的这两种定义进行的。这种争论反映了对技术本质的不同理解，进而影响了科技发展政策的制定。

然而，这两种观点都存在一定的局限性。一个更全面的定义应该将技术视为一种知识体系，它不仅包括已有的科学知识和生产经验，还包括为实现特定目的而不断创造和完善的工具与方法。这个定义融合了上述两种观点，强调技术既是生产手段，也是科学理论在实际中的应用，同时它是一个动态的过程，涉及创新和改进。这样的理解更全面地捕捉了技术的本质，即它既是科学理论的实践应用，也是知识和创新的产物。

（三）科学和技术的关系

技术与科学在本质上是相辅相成的，但它们各自承担着不同的角色。科学的核心在于认识和理解世界，它提供了对自然及社会现象的深入洞察和理解的可能性。技术则关注于利用这些知识来改造和优化我们的世界，它将科学的可能性转化为具体的应用，从而服务于人类的需求。在这个过程中，科学处于自然和技术的交汇点，是探索和发现的源泉；而技术则位于科学与社会的接口，是创新和实践的领域。

虽然科学与技术在功能和目的上存在差异，但在现代社会中，它们之间的界限越来越模糊，彼此之间形成了一种相互依赖和互相促进的关系。特别是在现代化的大规模生产中，科学和技术已经紧密结合，成为不可分割的一体。这种融合意味着科学理论的发现为技术的发展提供了基础，而技术的进步又不断推动科学理论的深入和完善。在这个互助的循环中，科学与技术共同推进了社会的现代化进程，成为驱动创新和进步的重要力量。因此，尽管科学与技术各有其独特性，但它们在现代社会的发展中扮演着互补和协同的角色。

科学的发现为技术的发明提供了基础，而技术的发展又反过来推动科学的进步。科学作为潜在的生产力，提供了理论的基础；技术则作为直接的生产力，实现了这些理论在实际生产和日常生活中的应用。这种相互作用的依赖关系使得科学和技术共同推动了人类社会的进步和发展。因此，虽然科学和技术在功能和焦点上有所不同，但它们共同构成了现代社会发展的双重动力。

三、现代化的相关概念

在当代，现代化大多被理解为社会各方面现代要素及其组合方式的连续发生，从低级到高级的突破性变化或变革。它是一个历史和发展的概念，意味着不断丰富和完善，随着人们认识和实践的不断深入而演变。现代化不是单一模式或道路，不同国家有不同的现代化路径，例如中国的现代化道路是对西方模式的学习、借鉴、创新和超越。

现代化是一个全面而深入的社会变革过程，它不仅局限于经济层面的发展和变化，更涉及社会的各个领域，包括但不限于经济、社会、政治、文化、生态文明建设以及国防和军事领域的现代化，并同时涵盖城市和农村、沿海地区和中西部地区、少数民族地区和全体人口的现代化。在中国，这是一种社会主义的现代化，注重包容性、公平性和共享性。

现代化还涉及土地、资源、能源、资本、劳动、教育、科学、技术、文化、信息、知识、制度、法律等现代要素及其组合方式。不同要素有不同的组合方式，一些通过市场机制配置，一些由政府提供，还有些由两者共同提供。

另外，现代化是一个连续积累的发展和建设过程，表现为从低级到高级、从量变到质变的阶段性。例如，中国从解决温饱问题到达到小康水平，再到全面建成小康社会，体现了现代化发展的阶段性。现代化是一个全方位的变革过程，包括观念、经济、社会、文化等方面的变革，本质上是现代化国家制度建设和体制改革的过程。这表明现代化不仅仅是物质层面的发展，也包括深层次的结构和体制的转型。

现代化作为一个综合性的概念，不仅涉及物质进步的层面，也深刻反映了时间观和政治观的系统性表达。它涵盖了对未来生产力和物质进步的展望、国家制度建设与治理模式的完善，以及对全球未来的普遍关注。从字面上理解，现代化指的是向着"现代"状态的转变过程。但正是这种方向性，使得对现代化的讨论变得复杂多维。现代化不仅是技术和物质条件的提升，也包括社会、政治和文化等各个方面的进步和转型，它是一个多方面、多层次的社会发展过程。在这个过程中，社会不断演变，适应新的技术和知识，同时也在政治和文化上寻求新的形态和表达。因此，现代化不仅仅是物质层面的转变，更是一种全面的社会进步和演化。

四、科学技术与现代化的关系

科学技术作为现代化的核心动力和显著标识，在现代化的各个方面扮演着关键角色。从科技的视角看，现代化主要体现在经济、社会和文化三个方面。为更直观地展示这一概念，如图 1-1 所示。

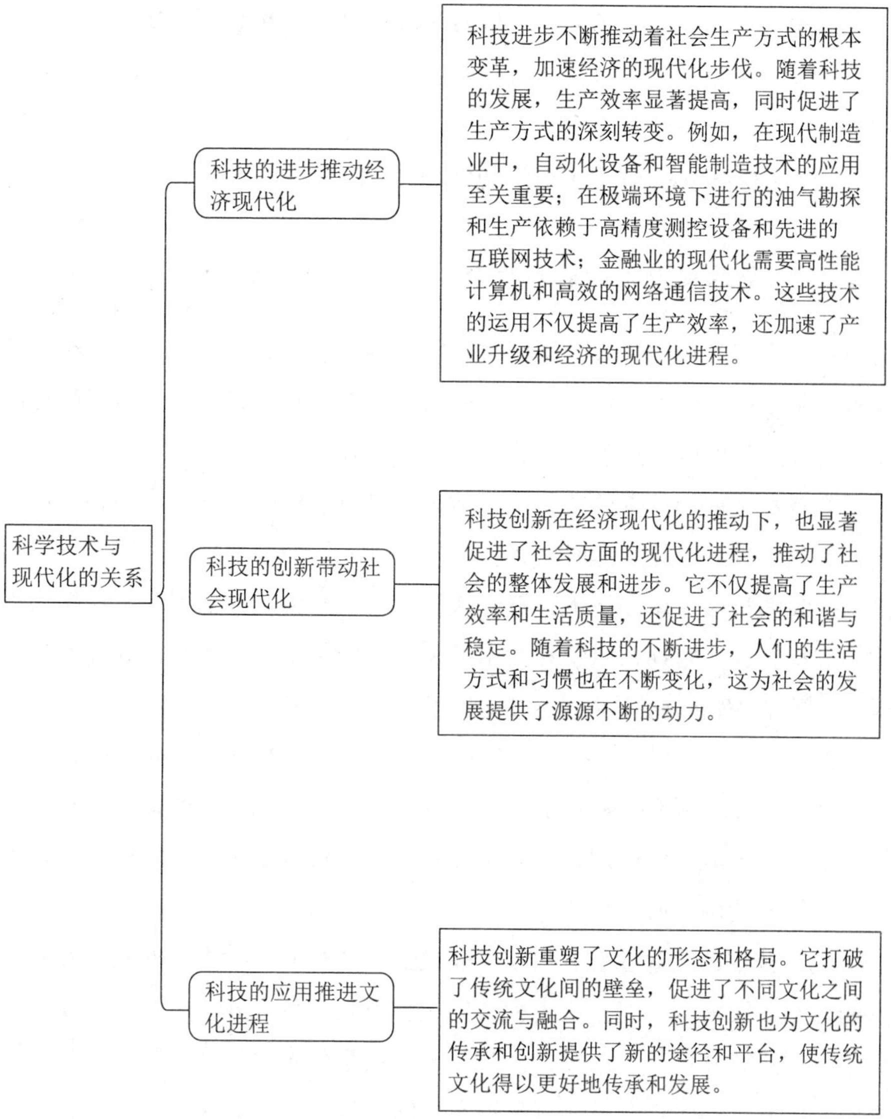

科技进步不断推动着社会生产方式的根本变革，加速经济的现代化步伐。随着科技的发展，生产效率显著提高，同时促进了生产方式的深刻转变。例如，在现代制造业中，自动化设备和智能制造技术的应用至关重要；在极端环境下进行的油气勘探和生产依赖于高精度测控设备和先进的互联网技术；金融业的现代化需要高性能计算机和高效的网络通信技术。这些技术的运用不仅提高了生产效率，还加速了产业升级和经济的现代化进程。

科技的进步推动经济现代化

科学技术与现代化的关系

科技的创新带动社会现代化

科技创新在经济现代化的推动下，也显著促进了社会方面的现代化进程，推动了社会的整体发展和进步。它不仅提高了生产效率和生活质量，还促进了社会的和谐与稳定。随着科技的不断进步，人们的生活方式和习惯也在不断变化，这为社会的发展提供了源源不断的动力。

科技的应用推进文化进程

科技创新重塑了文化的形态和格局。它打破了传统文化间的壁垒，促进了不同文化之间的交流与融合。同时，科技创新也为文化的传承和创新提供了新的途径和平台，使传统文化得以更好地传承和发展。

图 1-1　科学技术与现代化的关系

第二节　全球视野中的科技与现代化建设

一、世界范围内的科技与现代化发展

（一）全球视野下的科技发展

科技发展的历史是人类文明进步的重要标志，反映了人类对自然界的理解和利用能力的不断增强。从早期的简单工具和机械到今天的高科技产品，科技的发展历程揭示了人类智慧和创造力的辉煌。

在科技发展的早期阶段，主要体现为对自然资源的基本利用和简单工具的发明。进入工业革命时期，科技发展进入了一个全新的阶段，以蒸汽机为代表的机械化生产技术，极大地提高了生产力，推动了工业化和城市化的进程。这一时期，科学和技术的关系愈发紧密，科学研究为技术创新提供了理论基础，而技术进步又促进了科学的发展。

20 世纪初，电气技术和内燃机的发明进一步加快了工业化进程。这一时期，信息传输和交通运输技术的进步，使得全球化开始成型。科技在第二次世界大战中的应用，如原子能技术，不仅改变了战争的形态，也推动了大规模的科技研究和开发活动。

信息技术的兴起标志着科技发展的又一里程碑。计算机的发明和互联网的普及，极大地改变了人类社会的运作方式，信息和知识的传播变得前所未有的快速和广泛。同时，生物技术和纳米技术的发展，开启了科学研究的新领域，为医学、材料科学等学科的进步提供了新的动力。

科学技术始终以一种不可逆转、不可抗拒的力量推动人类社会向前发展。科技发展的历史不仅仅是技术本身的演变，更是人类社会、经济和文化的变革历程。每一次科技革新都对社会结构、经济模式和文化观念产生了深远影响。科技的进步不断拓展着人类的活动范围，从改善日常生活到探索外太空，科技使得人类的潜能得以充分发挥。

（二）全球视野下的现代化

罗荣渠教授在《现代化新论——世界与中国的现代化进程（增订版）》一书中提到，对现代化的理解在学界有多种解释。一种观点认为现代化是经济落后国家在经济技术上赶上世界先进水平的历史过程。另一种看法将现代化等同于工业化，即落后国家实现工业化的进程。还有观点认为，现代化是自科技革命以来人类社会的急剧变化，包括心理态度、价值观和生活方式的变化。广义上，现代化指的是从 20 世纪工业革命开始，人类从传统文明向现代文明转变的历史过程及其深刻变化，涵盖经济、社会、政治等方面的转型。狭义上，现代化特指发展中国家追赶发达工业国家先进水平的过程及其变化。到 20 世纪 60 年代，欧美等发达国家已逐步进入后工业社会，因此，当时的现代化被理解为工业经济、工业社会和工业文明的典型。

人类社会的发展被广泛认为经历了六个经济成长阶段，如图 1-2 所示。首先，传统社会阶段，特点是经济和社会结构较为原始和稳定。接着是为起飞创造前提，这是从传统社会向起飞阶段过渡的时期，其间世界市场的扩大对经济成长起到关键作用。紧随其后的是起飞阶段，这一阶段意味着经济打破了传统的停滞状态，实现快速发展。这个阶段的实现依赖于高积累率、起飞的主导部门和保障起飞的制度。例如，英国在 18 世纪末、法国和美国在 19 世纪中期、德国在 19 世纪中后期以及日本在 19 世纪末期都实现了经济起飞。起飞之后进入成熟阶段，这是一个相对较长的持续增长时期，现代技术被广泛应用于经济各领域，工业呈现多样化发展。然后是高额群众消费阶段，标志着一个高度发达的工业社会的形成。最后，追求生活质量阶段出现，在这一阶段，人们更加关注生活质量的提高。

上述理论为经济增长及现代化历史理论研究提供了有价值的分析角度，揭示了不同国家在现代化过程中可能经历的不同阶段和特点。

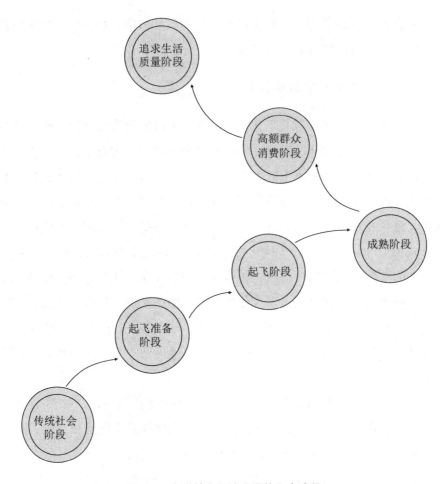

图 1-2　人类社会经济发展的六个阶段

不过，现代化是一个不断演进的过程，它不会停滞不前。工业社会并非文明进程的最终阶段，随着时间的推移和社会的发展，现代化的重心和特征也在不断变化。单纯强调工业现代化已经逐渐无法满足现代化潮流的要求。随着科技的发展，信息化、数字化及生态的可持续化等方面的重要性日益凸显，这些新的元素正在重新定义现代化的含义和方向。因此，现代化不仅仅是关于工业化的进程，它还包括社会、文化、政治和环境等多方面的综合发展和进步。

（三）常规意义的现代化与中国式现代化

20世纪90年代以来，人们越来越意识到相对于工业社会，我们正面临一个迅速变化的新世界。全球各地的学者都在探索这个新世界的发展路径。

回顾二战后未能成功实现现代化转型的亚非拉国家，我们发现其中一个重要的失败原因是简单模仿西方工业社会的模式。历史上，西方国家建立现代化经济体系，成为其他国家借鉴的经验源泉。但过去的现代化道路受到历史局限，导致西方模式成为唯一的范本，使得现代化成为西方化。一些发展中国家盲目模仿西方，失去了自主发展能力。

与此相反，中国在实践中开辟了具有中国特色的社会主义道路，既避免了社会主义传统模式的僵化，也在很大程度上避免了西方现代化模式的弊端。中国作为发展中的社会主义大国，在新的历史方位和国际国内环境下建设现代化经济体系，不能简单模仿西方，而必须走自己的道路。创新、协调、绿色、开放、共享的新发展理念成为构建现代化经济体系的核心，这不仅反映了当代社会生产力变革的要求，也是社会主义制度的伟大探索和实践，为全面建设社会主义现代化提供了创造性的答案。

二、科技发展与现代化建设的双刃剑效应

科技与现代化的发展为人类社会带来了显著的进步和便利，但其发展过程中也充分展现了双刃剑效应。科技的进步极大地推动了现代化进程，同时也带来了一系列挑战和问题。

科技发展对现代化的影响是深远且多面的，它不仅极大地提高了生产效率和生活质量，同时也带来了一系列环境和社会问题。自工业革命以来，科技的每一个重大突破，从蒸汽机到计算机，再到人工智能，都深刻地改变了人类的生产方式和社会结构。这些技术进步使得各个领域的服务变得更加高效，极大地提高了人们的生活便利性。例如，在医疗领域，新技术的应用使得疾病诊断和治疗更为精准和高效；在教育领域，科技的运

用为学习和知识传播提供了新的方式和平台；在交通和通信领域，科技改变了人们的出行方式和沟通方式，大幅缩短了时间和空间的距离。

随着工业化和现代化的推进，对自然资源的需求不断增长，导致了资源的过度开采和消耗。这不仅使得某些资源面临枯竭的危险，也加剧了全球资源分配的不平等。例如，化石燃料的过度使用导致空气污染和温室气体排放增加，这不仅对气候系统造成了巨大影响，也威胁到人类的健康和生存环境。资源的不可持续使用和不公平分配是当今世界面临的重要挑战之一。工业化进程中的大规模资源开采和能源消耗导致了环境的恶化，这对生态系统和人类健康构成了威胁。

在科学技术的应用普及以及现代化进程中，互联网和移动通信技术的飞速发展，极大地加快了信息的传播速度，使得全球互联互通成为现实。这种科技驱动的现代化不仅加强了世界各国之间的联系和互动，还为经济发展和文化交流提供了新的可能性和平台。信息技术的发展使得人们可以即时获取世界各地的信息，跨国界的沟通变得更加便捷，促进了知识、观念和文化的全球交流。只是科技驱动的现代化也带来了一系列挑战和问题。

一方面，随着全球文化交流的加深，文化同质化成为一个不可忽视的问题。现代化导致了一些地区文化特色和传统的消融，某些强势文化在全球范围内的传播可能压制了地方文化的发展。全球主流文化的扩散可能导致本土文化的边缘化，影响文化多样性。

另一方面，现代化过程中不同国家和地区间的经济差距问题依然突出。尽管科技的发展为经济增长提供了动力，但所得利益并不均匀地分布于全球。发达国家由于拥有更强的科技基础和更多的资源，因而在现代化、全球化中获益更多。相反，发展中国家由于技术和资本的不足，很难在全球竞争中占据有利地位。技术发展的不均衡导致了"数字鸿沟"，这不仅体现在信息获取和技术应用的能力上，也体现在教育、医疗和经济机会上的差异。

科技的快速发展，尤其是自动化和智能化技术的兴起，对社会结构和就业模式产生了深刻影响。这些技术通过提高生产效率，改变了传统的工作方式和就业结构。在一些行业，机器人和智能系统的应用减少了对人力的依赖，从而导致了工人的失业和技能需求的变化。这种变化不仅仅局限于制造业，服务业、金融业等领域也越来越多地采用自动化技术，从而影响了广泛的职业群体。

这种技术进步带来的就业挑战要求社会和教育体系进行重大调整。教育体系需要更新其课程和培训程序，以适应新兴的技术和市场需求。这意味着更多的重点放在 STEM（科学、技术、工程和数学）教育上，同时也强调创新思维和终身学习的重要性。社会需要为失业工人提供再培训和转职培训，帮助他们适应新的职业环境。

除了就业市场的变化，科技的进步还改变了人们的交往方式和生活习惯。互联网和社交媒体的普及使得人际交流越来越多地发生在虚拟空间。虽然这为人们提供了便利的沟通方式，但也对人际关系的质量和深度产生了影响。网络交流的匿名性和虚拟性可能导致社交技能的退化，甚至引发心理健康问题。

科技进步对个人心理和社会关系的影响也值得深思。数字时代的信息过载和不断的在线状态可能导致人的注意力分散和压力增加。人们越来越依赖于数字设备和互联网，这可能导致对现实生活的疏离感和社会孤立。年轻一代尤其容易受到这种影响，他们在社交媒体上的活动和身份可能影响他们的自我认知和现实中的社交发展。

我们必须清醒地认识到，从全球视野来看，科技发展与现代化建设是一个包含机遇与挑战的过程。为了实现科技进步和现代化的可持续发展，需要全球合作共同努力。这包括促进科技成果的公平分享、保护环境、减少资源浪费，以及提高全球公民对科技变化的适应能力。

三、未来发展趋势

未来的科技将继续飞速发展，带来更多的创新技术，如人工智能、生物工程、量子计算和可持续能源技术等。这些技术的发展和应用不仅改变生产和消费的方式，还将对经济、社会和文化产生深远的影响。随着科技的进步，现代化建设过程中产生的各种问题将会有更多新的解决方案，如伦理、社会和环境问题。随着科技的进步，全球将面临一系列新的挑战，如数据隐私、网络安全、人工智能伦理和生物多样性保护等。这些挑战要求全社会共同努力，制定相应的国际标准和政策，以确保科技发展的负面影响得到有效控制。此外，科技的不均衡发展可能加剧各国经济发展的不平衡，这需要国际社会共同努力，促进技术转移和知识分享，减少全球发展差距。

未来的科技发展还将促使经济模式发生根本变化，比如从依赖化石燃料的经济转向更加可持续的绿色经济。此外，数字经济、共享经济和循环经济等新的经济模式将逐渐兴起，这将改变传统的商业模式和消费行为。这些经济模式的转型将为就业、技能需求和社会福利政策带来新的挑战和机遇。

在全球视野中，科技与现代化建设的未来发展将是多维度的，涵盖技术创新、伦理社会挑战和经济模式转型等多个方面。这要求全球社会在推动科技发展的同时，也要充分考虑其带来的广泛影响，采取协调一致的策略，以实现科技发展的可持续性和普惠性。

第三节　中国式现代化的提出与基本内涵

一、中国式现代化的提出与发展

自 1978 年中共十一届三中全会以来，全党全国的工作重心便转移到经济建设上来，以致力于实现四个现代化为目标。在这一时期，以邓小平同志为核心的党的领导集体，深入思考并积极探索中国如何能够实现现代化。

"四个现代化"的目标要求在 20 世纪内全面实现农业、工业、国防和科学技术的现代化，使国民经济走在世界的前列。只是，在走过一些"弯路"后，中国与世界发展的差距不仅未缩小，反而有所扩大。这一现实状况使得原定目标的实现面临巨大挑战。

另外，现代化的标准也是随着时代的发展而不断变化的。当时中国对现代化的理解主要是基于 20 世纪五六十年代的国际发展水平。但随着时间的推移和社会的发展，特别是到六七十年代，现代化的标准和内涵发生了显著变化。

在这种背景下，中国在 20 世纪内实现与世界先进水平对标的现代化有些不符合实际情况，故此，"中国式的现代化"的概念便应运而生。即，相对于中国过去的发展水平而言的现代化。这种定位意味着，尽管相对于当时世界先进水平可能仍有差距，但这一模式是在相对于中国历史背景下取得显著的进步和发展。

所谓"中国式的现代化"实际上是同中国过去相比的现代化，是对中国特有历史和社会背景的深刻考量。这一策略不仅体现了中国领导层对现代化进程的深刻理解，也展示了在复杂国际环境下对国家发展策略的灵活调整和务实思考。

1979 年，"中国式的现代化"有了一个符合时代特色的名字——"小康"。邓小平在多个不同的场合强调了一个核心概念"中国式的现代化"。同年 12 月，在与日本首相大平正芳的会谈中，邓小平对中国未来的发展和现代化构想进行了深刻阐述。他指出："我们要实现的四个现代化，是中国式的四个现代化。我们的四个现代化的概念，不是像你们那样的现代化的概念，而是'小康之家'。"[1]"小康"这一新概念随后响彻中华大地。中国力争实现的四个现代化——农业、工业、国防和科学技术，本质上是中国特有的现代化模式。这一模式与传统意义上的现代化有所不同，它更倾向于实现"小康"的目标。这种表述不仅体现了对中国社会发展层次和目标的重新定义，也反映了对中国特色社会主义现代化道路的深入理解。

"小康"这一概念，蕴含着深厚的中国文化内涵，它不单纯指经济发

---

[1]　邓小平：《邓小平文选》第二卷，人民出版社，1993。

展的高速增长，而是强调社会的全面进步和人民生活水平的整体提升。这一概念的提出，不仅为中国的现代化道路提供了新的思路，也为全球现代化进程提供了独特的中国视角。邓小平此次谈话中所提出的"小康之家"理念，后来在中国社会发展和现代化进程中发挥了重要作用，成为推动中国社会经济发展的关键理念之一。

1982 年 9 月，在中国共产党的第十二次全国代表大会上，中国正式确定了 20 世纪末的经济建设目标：在提高经济效益的基础上，努力使全国工农业总产值翻两番。实现这一目标意味着人民的物质文化生活能够达到小康水平。这次大会使"小康"这一概念首次被纳入中国共产党全国代表大会文件。

随后，"翻两番""小康"和"中国式的现代化"等新概念逐渐成为中国人民的日常用语和关注焦点。

1983 年，邓小平会见参加北京科学技术政策讨论会的外籍专家时指出："我们搞的现代化，是中国式的现代化。我们建设的社会主义，是有中国特色的社会主义。"

这个概念不仅仅是一种理论上的提法，更是对中国实现现代化路径的具体规划和思想指导。体现了中国在追求经济发展、社会进步和技术创新的同时，坚持自身特色和独立自主的发展策略。这种独特的现代化模式在全球范围内展现了中国的发展经验和实践智慧，对于理解中国特色社会主义发展道路具有重要意义。

到了 1995 年，中国的国民生产总值超过 57600 亿元，提前五年实现了 2000 年相对于 1980 年翻两番的目标。1997 年，人均国民生产总值翻两番的目标也提前实现。

1997 年 9 月的中共十五大报告，提出了 21 世纪前 20 年的新奋斗目标。2002 年，十六大明确了党在新世纪新阶段的奋斗目标，提出在本世纪前 20 年，集中力量，全面建设惠及十几亿人口的更高水平的小康社会。

2012 年，中共十八大进一步明确了"全面建成小康社会"的目标。从"全面建设"到"全面建成"，尽管只有一字之别，但它标志着中国进入了一个新的发展阶段，这个阶段的核心是全面建设小康社会的决定性阶段。这一系列的目标和阶段性成就，不仅展现了中国经济社会发展的巨大成就，也体现了中国在实现现代化进程中的逐步深入和战略调整。

在 2015 年 10 月 29 日举行的党的十八届五中全会第二次全体会议上，习近平总书记在其讲话中深入阐释了全面建成小康社会决胜阶段的形势，并回顾了中国式现代化的历史轨迹。他指出："改革开放之初，邓小平同志首先用小康来诠释中国式现代化，明确提出到 20 世纪末'在中国建立一个小康社会'的奋斗目标。"① 习近平总书记的这一论述，是继党的十八大之后，首次明确提到中国式现代化，并指出建立小康社会是改革开放之初设定的中国式现代化的目标。

2022 年 10 月，在党的二十大报告中，习近平总书记明确宣布，新时代新征程中，中国共产党的核心使命和任务是全面推进中国式现代化，以此促进中华民族伟大复兴。习近平总书记在报告中深入阐释了中国式现代化的深刻含义，进一步丰富和发展了党关于现代化的理论体系。这一理论体系不仅着眼于经济发展的速度和规模，还强调社会的全面进步、文化的繁荣和生态的可持续性。中国式现代化的实践展现了中国在实现社会主义现代化道路上的独特智慧和策略，同时为全球现代化进程提供了新的思路和范例。

为了让读者有一个整体的把握和更加直观的感受，特按时间顺序整理中国式现代化的提出与发展过程简表，如图 1-3 所示。

---

① 习近平：《在党的十八届五中全会第二次全体会议上的讲话（节选）》，《求是》2016 年第 1 期。

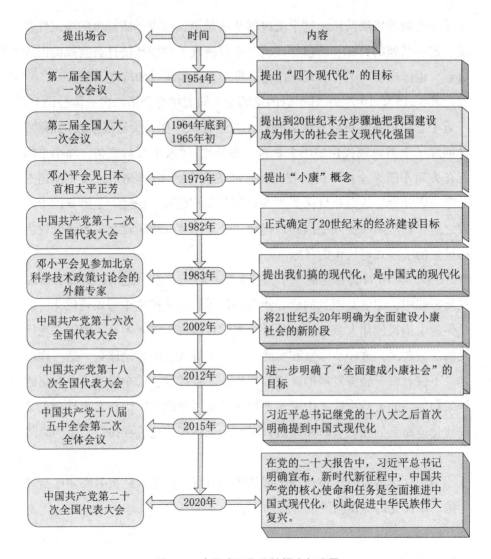

图 1-3　中国式现代化的提出与发展

二、中国式现代化的基本内涵

"中国式的现代化"所蕴含的深刻含义可分为两个方面。首先，它强调中国实现现代化的道路必须是具有中国特色的，这意味着中国在追求现代化的过程中，将根据自身的历史背景、文化传统和实际国情走出一条与众不同的发展道路。其次，这一概念还涉及对现代化目标的理解，即不必完全依照传统意义上的高标准来衡量发展成就，而是要结合中国的实际情况来确定适合自己的发展目标。这种理解更加强调了发展的质量和可持续性，而非单纯追求经济增长的速度和规模。

中国式现代化是在中国共产党领导下进行的社会主义现代化。这一过程不仅包含了普遍的现代化特征，如工业化、信息化和市场化，还融入了符合中国国情的独特元素。这种现代化模式旨在实现经济快速发展和社会全面进步，同时保持中国文化的核心价值和社会主义的基本原则。中国式现代化的实践强调在开放中求发展，在改革中求创新，同时坚持社会公平和可持续性，努力构建和谐社会。通过这种结合普遍特征与中国特色的方式，中国式现代化展现了一条独特的发展路径，对全球现代化进程有着重要的影响和贡献。

中国式现代化还包含几个本质要求：坚持中国共产党领导，坚持中国特色社会主义，实现高质量发展，发展全过程人民民主，丰富人民精神世界，实现全体人民共同富裕，促进人与自然和谐共生，推动构建人类命运共同体，创造人类文明新形态。

为了全面推进中华民族伟大复兴，中国式现代化必须坚守几项重大原则：一是坚持和加强党的全面领导，确保国家发展方向的正确性和连续性；二是坚持中国特色社会主义道路，保持中国特有的发展模式和战略；三是坚持以人民为中心的发展思想，确保发展成果普惠于民；四是坚持深化改革开放，促进国内外的交流与合作；五是发扬斗争精神，勇于面对挑战和困难。这些原则是中国式现代化的基石，引领着中国走向更加繁荣和强大的未来。

三、中国式现代化的特征

2015 年 10 月 29 日，习近平总书记在党的十八届五中全会第二次全体会议上的讲话中对中国式现代化的特征进行了详细的论述，强调"我们所推进的现代化，既有各国现代化的共同特征，更有基于国情的中国特色"。① 随后，习近平总书记又在庆祝中国共产党成立 100 周年大会、党的十九届六中全会以及党的二十大上发表了系列讲话，系统阐述了中国式现代化的基本特征，体现了中国在现代化进程中的独特策略和智慧。

（一）中国式现代化必须坚定地以中国共产党作为领导核心

中国共产党的领导不仅是中国特色社会主义的最本质特征，也是中国特色社会主义制度最大的优势。

这种领导方式不同于其他国家的现代化路径，是中国式现代化的显著标志。最大限度保障人民当家作主，把党的领导、人民当家作主和依法治国有机结合起来，共同构成了社会主义政治建设和发展的历史使命。这不仅是推进国家治理体系和治理能力现代化的时代任务，也是完善和发展中国特色社会主义制度、实现社会主义现代化的必要条件。

中国式现代化进程中，中国共产党的领导作用显得尤为关键。这种领导模式不仅确保了国家发展方向的稳定性和连续性，而且为中国特色社会主义道路提供了坚实的理论基础和行动指南。在这一框架下，党的领导成为资源整合、利益协调和复杂挑战应对的核心力量，从而确保了社会的稳定和经济的持续增长。

中国共产党的领导不仅体现在政策制定和实施的过程中，而且体现在对全国各级政府和社会各方面的引导和监督中。通过制定和执行以人民为中心的发展战略，中国共产党确保了国家现代化的道路既符合中国实际情况，又能够有效应对国际环境的变化。同时，党的领导还表现在对于社会主义核心价值观的弘扬和践行，这为国家发展提供了精神动力和价值指引。因此，在分析中国式现代化的路径时，中国共产党的领导是不可或缺的一个重要维度，它赋予了中国现代化以独特的性质和优势，使之区别于全球其他国家的现代化实践。

---

① 习近平：《在党的十八届五中全会第二次全体会议上的讲话（节选）》，《求是》2016 年第 1 期。

（二）中国式现代化强调物质文明与精神文明的协调发展，旨在促进经济发展和文化繁荣的平衡

中国式现代化不仅推动了社会主义物质文明的迅速进步，也带来了经济规模和物质产品多样性的显著增长。这一变革的核心在于高效率的生产方式和技术创新，这些因素共同作用，不仅满足了公众对于高品质和个性化商品服务的日益增长的需求，也促进了社会精神文明的全面提高。

在这一进程中，中国特有的文化元素得到了传承与创新。中华优秀传统文化的深层价值被重新发掘和弘扬，红色文化作为革命传统的延续，以及先进文化的不断涌现，共同丰富了社会主义文化的内涵。此外，教育的普及与提质、科学研究的深入、文化知识的广泛传播，这些因素共同促进了中国社会的全面文化繁荣。教育、科学和文化的进步不仅提升了国民的整体素质，也为经济和社会发展注入了新的动力。

中国式现代化特别强调人的全面发展和人与物的关系，同时也突出了人与人之间关系的重要性。在这一框架下，中国坚持马克思主义的指导，牢固掌握意识形态工作的领导权。通过培育和践行社会主义核心价值观，加强思想道德建设，中国式现代化不仅促进了物质文明的发展，还极大地推动了精神文明的进步。

中国式现代化过程中还特别重视文化事业和文化产业的发展。这包括推动社会主义文艺的繁荣、加强文化遗产的保护和传承，以及创造性地转化和发展中华文化使之不断焕发新的光彩。总体而言，中国式现代化不仅追求经济和物质上的富足，也注重文化和精神层面的丰富和进步，力求实现经济发展与文化繁荣的有机统一。

（三）这种现代化模式致力于实现全体人民的共同富裕，不仅追求经济总量的增长，还注重财富的公平分配和社会的整体福祉

实现共同富裕是中国式现代化的本质要求，它不仅是社会主义经济制度的集中体现，也是中国式现代化实践中积累的宝贵经验。在中国特色社

会主义的发展道路上，共同富裕被视作社会健康发展的关键指标，体现了以人民为中心的发展理念，强调在经济、社会、文化各领域的全面进步。共同富裕的目标不仅涉及物质财富的均衡分配，更包括精神文化生活的全面提升。这意味着现代化的成果应惠及社会的每一个成员，确保所有人都能分享到社会发展的红利。在这一过程中，政策制定者关注的是如何有效平衡经济增长与社会公正，如何在发展过程中注意到弱势群体的利益保护，并积极营造一个公平、公正的社会环境。此外，共同富裕也意味着对人的全面发展的重视，包括教育、健康、文化等方面的全面提升。这一目标的实现需要强有力的政策支撑和社会各界的共同努力，通过合理的资源配置和有效的社会保障机制，推动社会的和谐稳定和持续发展。简言之，共同富裕不仅是经济发展的目标，更是社会进步的体现，是中国式现代化的关键指标和显著特征。

在这样的理念指导下，全体人民生活水平的提高不仅是社会进步的标志，也是推动社会主义现代化的重要动力。实现共同富裕能够促使经济与社会的全面发展，确保经济增长与社会公正相协调，进而实现社会主义现代化的长远目标。中国式现代化的这一特点，体现了中国对现代化进程的全面理解和深刻把握，既注重经济发展的速度和成果，也强调社会公平和全民福祉。因此，共同富裕不仅是中国特色社会主义现代化的内在要求，也是其对全球现代化理论与实践的重要贡献。

（四）中国式现代化发生在一个人口规模庞大的国家，这给现代化进程带来了独特的机遇和挑战

中国式现代化是人口规模巨大的现代化，在全球范围内具有独特性，主要由于其人口规模超过 14 亿，这一数字甚至超过了目前进入现代化行列的西方国家的人口总和。在世界现代化的历史长河中，尚未有任何国家在如此庞大的人口基础上实现现代化。中国式现代化不仅依赖于内部的庞大市场规模和消费潜力，更着眼于在全球范围内扩展其经济和贸易的影响力。中国庞大的国内市场是其现代化进程的关键优势。中国拥有世界上最

大的消费人口基数，这不仅为国内企业提供了广阔的市场空间，也为国际企业提供了巨大的市场潜力。这一市场优势使得中国能够吸引大量国内外投资，加速技术创新和产业升级，从而推动经济的持续增长。

中国致力于构建新的发展格局，即"双循环"新发展模式，其中"国内大循环"作为主体，同时"国内国际双循环"相互促进。这种模式旨在通过更加有效地利用国内和国际两个市场、两种资源，促进中国经济的高质量发展。这种策略不仅促进了国内市场的发展，也为中国在全球经济中的地位提供了支撑。中国的现代化努力还旨在打造具有全球影响力的超大规模市场。通过深度参与全球经济治理和贸易体系，中国不断拓宽其国际影响力。在全球化深入发展的背景下，中国不仅是世界工厂，也成为全球市场的重要参与者和引领者，这在一定程度上重新定义了全球经济格局。

中国作为一个人口和经济规模巨大的国家，其现代化的实现无疑构成了全球历史上的一大挑战。这一挑战具有经济增长和社会发展的多维复杂性。中国经济发展不仅需要平衡高速增长与可持续发展的关系，还需解决由此产生的社会矛盾和环境压力。中国式现代化还涉及治理体系和治理能力的现代化。这不仅要求政府推动制度创新，还需要通过科技、教育和文化的进步来提高国家的综合治理效能。中国式现代化的成功将在全球历史中创造出独特的篇章。这不仅因为其在全球化背景下对世界经济格局产生的影响，还因为其为世界其他发展中国家提供了现代化的新路径和范例。通过结合中国特色的社会主义理念和实践，中国展示了一种不同于西方模式的现代化道路，这在人类历史的进程中具有重要意义。

（五）中国式现代化特别注重人与自然的和谐共生，强调在经济发展的同时保护生态环境，追求可持续发展

在中国式现代化的框架内，自然界被视为社会生产力的关键基础和源泉。遵循"绿水青山就是金山银山"的理念，中国强调保护生态环境即是对生产力的维护，改善生态环境则是对生产力的发展。中国式现代化追求的并非是单纯的对自然的征服，也不是以破坏环境和无节制消耗资源为代

价的发展模式。相反，它体现了对资源节约和环境友好的高度重视，强调绿色发展、低碳发展和可持续发展的现代化道路。

在这一发展模式下，中国将生态文明建设作为经济和社会发展的重要组成部分，融入发展的各个方面和全过程中。中国扎实推进碳达峰和碳中和的目标，致力于建设一个人与自然和谐共存的现代化社会。这一战略不仅展示了中国对自身可持续发展的坚定承诺，也为全球生态文明建设和绿色发展理念的推广贡献了中国智慧和中国方案。中国式现代化的这一特点，突出了生态环境保护与经济社会发展的协调统一，体现了对人类未来和地球家园的深刻关怀。

（六）中国坚持走和平发展的道路，致力于通过合作和友好的国际关系促进自身的发展，并为世界的和平与发展做出贡献

中国式现代化的实践路径在根本上区别于西方资本主义国家的传统现代化过程。中国的现代化道路是在和平、合作、开放的理念下实现的，不依赖于战争扩张、殖民掠夺或对其他国家的压迫与剥削。这一模式体现了中国坚持的和平发展原则和对构建人类命运共同体的积极贡献。这种现代化模式强调的是包容与互鉴、和平与发展，而非封闭排他或国家强权的霸道行径。

中国式现代化展现了其鲜明的开放性和包容性，这与其长期坚持的外交原则和国际关系观相一致。中国作为全球和平的维护者、世界发展的贡献者和人类共同利益的捍卫者，其现代化道路具有独特的价值取向和全球意义。这种现代化不仅仅是对中国自身发展的追求，也是对国际社会和全球治理体系的积极贡献。

在这个过程中，中国展示了强大的感召力和影响力，这来自其坚持自身发展道路的同时，积极参与全球事务，为世界和平与发展做出贡献。因此，中国式现代化不仅为中国带来了变革和发展，也为世界提供了新的发展模式和合作机遇，对国际社会产生了深远的影响。

第二章 中国式现代化建设的历史进程与科技突破

第一节 现代化建设的尝试与探索

一、现代化建设的背景

新中国成立后，中国在政治、经济、社会等多个方面经历了重要的转型与发展，中国共产党带领全国各族人民对现代化建设进行了初步探索与实践。

（一）国内的政治背景

新中国成立之初，国家面临着从根本上重建政治秩序和经济体系的巨大挑战。经历了长期的战争和动乱，国家的政治稳定和社会秩序亟需恢复与重建。中国共产党需要承担起国家建设的重任，面对的是一个经济基础薄弱、工业化水平低下、农业生产落后的国家。

现代化的实现，根本上依赖于国家和民族的独立自主。这种独立自主不仅是现代化进程的基础，也是其发展方向的核心。缺乏这种自主性，中国式现代化就会失去其根本的政治保障，甚至可能沦为资本主义现代化的从属。历史上，中国曾尝试追随"全盘西化"的路线，但这种模式最终未能适应中国的国情和历史发展，被现实所否定。这一历史经验凸显了在中国式现代化进程中，坚持独立自主和建立适合自身特点的社会主义制度的重要性。

在这个背景下，中国共产党领导的政府开始制定和实施一系列政策，以重建国家的经济和社会结构。政治上主要任务是实现国家的统一和政权的稳固，这包括在全国范围内建立有效的政府治理体系，确保政策的顺利实施和法律的严格执行。同时，进行土地改革，消除封建残余势力，确保农村稳定，为工业化发展奠定社会基础。

政府还注重社会制度的构建。包括教育体制的改革、科技体系的建设和文化事业的发展。

（二）当时经济发展的需要

新中国成立之初，国家面临着经济基础薄弱、工业化程度低、农业生产落后的严峻挑战。这一时期，中国的经济发展迫切需要从根本上转型和提升，以实现国家的长期稳定和人民生活水平的持续改善。

经济发展的迫切需求首先表现在工业化方面。工业是现代经济的核心，而中国在这一时期的工业基础相对薄弱，无法满足国家发展和人民生活改善的需求。因此，加快工业化进程成为中国现代化的首要任务。通过实施一系列的工业化计划和政策，中国力图建立起自己的工业体系，提高工业生产能力和技术水平，从而为经济发展提供坚实的基础。

其次，农业作为国民经济的基础，在中国早期现代化建设中同样占据重要地位。由于历史原因，中国的农业生产效率较低，难以满足日益增长的人口需求。因此，提高农业生产效率和产量，实现农业现代化，成为推动经济发展的关键一环。通过土地改革、农业技术革新和集体化运动，中国试图改善农业生产条件，提升农业产出，从而为工业化提供足够的食品供应和原材料。

最后，中国在推进现代化的过程中还注重经济结构的调整。这包括发展多元化的经济体系，促进工业、农业和服务业的协调发展。通过优化经济结构，中国力求实现经济的全面均衡发展，避免过度依赖单一产业或领域。

在实施经济发展策略的过程中，中国也面临着诸多挑战。这些挑战包括资源分配的合理性、经济结构的调整、经济增长的可持续性以及社会公平的保障等。因此，中国在推动经济发展的同时，也不断调整和优化其发展策略，以应对这些挑战，并确保经济发展能够真正惠及广大人民群众。

（三）国际环境与社会因素

中国早期现代化建设不仅受到国内政治和经济发展的影响，还深受当时的国际环境和社会因素的影响。20 世纪中叶，国际政治与经济格局的变化为中国的现代化进程提供了独特的外部条件，同时，国内的社会结构和文化传统也对现代化的路径产生了重要影响。

国际环境方面，冷战格局的形成为新中国的外交和经济发展构筑了复杂的背景。一方面，东西方阵营的对立限制了中国与西方国家的交流与合作，使得中国在某种程度上被迫走上独立自主的发展道路。另一方面，这种国际政治格局也为中国寻求新的国际伙伴和发展模式提供了动力。在这一时期，中国与苏联及其他社会主义国家的合作对早期的工业化和技术进步起到了关键作用。同时，中国也积极参与国际事务，力求在国际舞台上为自己争取更大的发言权和发展空间。

社会因素方面，中国传统的社会结构和文化传统对现代化的路径选择产生了深刻影响。中国长期以农业为基础的社会结构使得农业现代化成为早期现代化的重要组成部分。此外，传统文化中重视集体和谐、注重道德教化的观念也在一定程度上影响了现代化进程中政府与民众的互动方式。例如，政府在推动现代化的过程中，强调集体利益，推行大规模的社会动员，虽然这些运动的效果和影响存在争议，但它们反映了中国特有的社会动员方式。

这些外部和内部因素相互作用，既为中国的现代化提供了机遇，也带来了挑战，影响了中国现代化的速度、路径和性质。

二、现代化建设的破局之路

（一）改革开放前的探索与成就

1. 探索

在 1954 年一届全国人大一次会议上，周恩来总理首次提出了"四个现代化"的概念，强调为了摆脱贫困落后，中国必须发展现代化的工业、农业、交通运输业和国防。这一提法体现了中国共产党对现代化目标认识的深化，从单一的"工业化"转向更全面的现代化构想。随着工业化的逐步推进，党在总结经验教训的基础上，对"四个现代化"的内涵进行了适时的调整。毛泽东对"四个现代化"的内容和表述进行了深思熟虑，提出了自己的见解和建议。

1964 年，周恩来在第三届全国人大一次会议上，根据毛泽东的建议，提出了新的定义："在不太长的历史时期内，建设成为一个具有现代农业、现代工业、现代国防和现代科学技术的社会主义强国，赶上和超过世界先进水平。"这一表述中，"现代工业"和"现代农业"的位置被对调，且"现代交通运输业"被"现代科学技术"所替代。经历了一些波折后，1975 年周恩来在四届全国人大一次会议上再次强调了"四个现代化"的目标，表明了中国对现代化建设的坚定决心和不断调整的灵活性。这一过程不仅展示了中国在政治层面对现代化目标的不断深化和调整，也反映了党在现代化进程中的领导作用和对国家发展方向的精准把握。

20 世纪 50 年代至 70 年代，中国在以毛泽东同志为核心的第一代中央领导集体的指导下，针对新中国成立初期遗留的工业布局不均问题，实施了一项区域经济发展战略，即"均衡布局"。在这一战略下，政府在计划经济体制框架内，通过行政手段优先将有限的资金投入到中西部地区，这些工业基础相对落后地区。甚至在某些情况下，东部地区的技术人才被大量调往西部。据资料显示，1952 年至 1975 年间，内地基础建设投资占全国投资的比例达到 55%，特别是在"三五"计划期间（1966—1970 年），这一比例上升至 66.8%。[1]

特别是在 1964 年至 1971 年间，全国共有 380 个项目、38000 万台设备及 1540 万技术人员和管理干部从沿海地区迁往内地的三线地区。[2]在均衡布局战略的引导下，中国在这近 30 年的时间里不仅建立了较为完善的工业体系和国民经济体系，而且在一定程度上改善了不合理的工业布局，为西部地区的工业化奠定了基础，促进了民族团结和社会稳定。

但这一战略也存在明显的缺陷，主要体现在过分强调工业在地域分布和投资规模上的平衡，而忽视了经济效益的最大化。这导致大量人力、物力和财力在中西部地区的投入并未能发挥预期作用，同时，经济基础较好的沿海地区由于国家投入有限，在相当长时间内发展缓慢。这种情况进一步影响了全国经济的整体发展速度，限制了现代化建设的进程。因此，虽然均衡布局战略在当时具有一定的正面影响，但其效率和成效方面的不足也不容忽视。

2. 成就

1953 年，中国实施了第一个五年计划，旨在打下工业化的基础，同时推动农业现代化和工商业的改革。该计划的实施标志着中国进入一个大发展的时代。在这一时期，国家的固定资产总值显著增长，农业产值和工业产值显著上升。特别是工业方面，产值增长了 67.8%。此外，基础设施建设也取得了显著进展，例如九千公里铁路和多个核心工业项目的建成。这些成就不仅超额完成了五年计划的任务，还为后续的发展奠定了坚实基础。

在中国全面建设社会主义的十年期间，国家经历了显著的工业增长和

---

[1]　陈大道等：《中国工业布局的理论与实践》，科学出版社，1990，第 26 页。
[2]　赵德馨主编：《中华人民共和国经济史（1967–1984）》，河南人民出版社 1989，第 183 页。

技术进步，这些发展反映了中国早期现代化的背景和努力。工业规模的扩张是显著的，增长了三倍，这一增长不仅体现在数量上，更在质量和效率上有所提升。中国在能源领域取得了重要进展，特别是大庆、胜利和大港等重要油田的开发，这些成就标志着中国在能源自给方面的重大突破。

基础设施建设方面也取得了显著成就。大多数省份建立了铁路干线网络，加强了国内的连接和交流，同时，新建的14个万吨级港口进一步加强了中国与外界的贸易联系。这些基础设施的建设对促进国内经济发展和加强国际贸易关系起到了重要作用。

在高新技术领域，中国的成就尤为突出。成功研制核弹和人工合成牛胰岛素晶体不仅是技术上的突破，更是国家科技实力和创新能力的重要标志。这些成就在当时的国际背景下反映了中国在科技发展方面的决心和能力。中国在这一时期内保持了近10%的年均经济增长率，这不仅体现了中国经济的快速增长，也显示了国家现代化的进一步发展。

（二）改革开放后的新阶段

1. 探索

在现代化建设的新阶段，考虑到"均衡布局"战略的实施效果及其教训，在以邓小平同志为核心的党的第二代中央领导集体的引领下，中国实行了"沿海优先"区域经济发展战略。此战略下，政府在投资、税收等方面向沿海地区实施了政策倾斜。短期内，这一战略虽导致中西部与沿海地区企业间的竞争不平等，加剧了地区间的差距，但从长远和全局角度看，沿海地区的快速发展不仅提升了全国经济实力，也为中西部地区的发展提供了财政和技术支持，积累了工业化的宝贵经验。邓小平曾指出："一部分地区发展快一点，带动大部分地区，这是加速发展、达到共同富裕的捷径。"[1] 他同时强调："发展到一定的时候，又要求沿海拿出更多力量来帮助内地发展"。[2] 这一"沿海战略"充分将长短期效益有机地结合在一起，

---

[1] 邓小平：《邓小平文选》第3卷，人民出版社，1993，第166页。

[2] 邓小平：《邓小平文选》第3卷，人民出版社，1993，第278页。

实现了局部利益与整体利益的和谐统一。到了 20 世纪末期，在共同富裕和两个大局思想的指导下，根据当时现代化发展的新形势，我国决策实施了"西部大开发"战略。这一战略的实施规模空前，预计将形成全新的区域现代化格局。

这些区域经济发展战略及其实践表明，中国的现代化不仅局限于部分地区，而是全国范围内的综合发展。在不同的历史阶段，根据具体情况，中国采取了不同的区域经济发展战略，以推进国家整体的现代化建设。这些战略展示了中国在不同发展阶段根据国内外形势灵活调整政策的能力，也反映了中国现代化道路的多样性和复杂性。

特别需要指出的是，党的十八大以来，中国特色社会主义进入新时代，中华民族实现了从站起来、富起来到强起来的伟大转变。党的十九大站在新的更高的历史起点上，对实现第二个百年奋斗目标进行了战略规划，明确提出到 2035 年基本实现社会主义现代化，到 21 世纪中叶把我国建成富强民主文明和谐美丽的社会主义现代化强国。党的十九届五中全会着眼于"两个一百年"奋斗目标的有机衔接、接续推进，对未来 5 年和 15 年的发展远景进行了描绘，为今后一个时期中国式社会主义现代化建设制定了清晰的路线图。党的二十大描绘了中国式现代化道路的新蓝图，锚定中华民族伟大复兴的宏伟目标，同向发力、勇毅前行，成功推进和拓展了中国式现代化道路。

2. 成就

自改革开放之后，中国的现代化进程进入了一个新的阶段，在政治、经济、文化等多个领域取得了显著成就。经济方面，中国实现了从计划经济向市场经济的转型，以及从封闭体系向开放合作的过渡。这些变革使中国经济快速增长，经济规模和全球影响力显著提升。特别是经济增长率的变化，从 20 世纪 80 年代初期的不足 2% 增长至近年来超过世界平均水平，显现了中国经济的巨大变革和发展潜力。

文化领域经历了深刻的变革。文化产业迅速发展，文化活动日益繁荣，文化的多元化和国际化程度显著提高。中国文化逐渐走向世界，同时吸纳世界各地的文化元素，文化软实力和国际影响力显著增强。

教育领域也取得了长足的进步。教育体制不断完善，教育资源得到充分利用，教育水平显著提高。中国的高等教育得到国际社会的广泛认可，越来越多的国际学生选择来华留学。同时，中国在科学研究方面的实力不断增强，为全球科研领域做出了重要贡献。

社会层面，中国社会发生了显著变化。人民生活水平提高，文化素质不断提升。社会制度不断完善，人民权益得到更好保障，社会福利体系发展迅速，人民幸福感增强。

中国在环境保护方面也取得了显著成就。中国积极推进生态文明建设，大力发展可再生能源，不断加强环境治理，改善空气质量和水质量等环境指标。

三、现代化建设的挑战与反思

（一）经济的均衡发展

早期的现代化尝试中，如何保证经济的均衡发展成为一个显著的挑战。这种挑战主要体现在地区间发展的巨大差异上，特别是东部沿海与中西部地区在工业化水平和经济发展程度上的差距。东部沿海地区由于地理位置优越、历史发展的积累和政策的倾斜，较早开始了工业化进程，经济发展迅速。这些地区的工业基础较为坚实，经济活动更为活跃，对外开放程度更高，吸引了大量的投资和人才。相比之下，中西部地区由于地理位置相对偏远、工业基础薄弱、经济发展滞后，加之政策和资源配置上的不足，经济发展相对缓慢，面临着更多的发展挑战。

面对这些挑战，中国政府开始在后续的现代化策略中转向更加均衡和协调的发展模式。政府采取了一系列措施，以促进区域间的均衡发展。这包括在政策上给予中西部地区更多的支持，如税收优惠、财政补贴、基础设施建设等，以及鼓励东部地区的企业和资本向中西部地区迁移。同时，政府还加大了对中西部地区的教育、医疗和其他公共服务的投入，以改善当地的生活和发展条件。政府还推动了一系列促进区域经济协作和一体化的政策，例如发展区域经济圈、建立跨区域的经济合作机制等。这些措施旨在通过加强区域间的联系和互动，实现资源的优化配置和共同发展。

（二）社会治理与环境问题

随着经济的快速发展，城市化进程加快，社会结构和人口构成发生了巨大变化。这些变化给社会管理带来了新的挑战，包括城乡差异、收入分配不均以及社会保障体系的压力等。在这种背景下，中国政府开始重视社会治理体系的建设和完善，努力提升公共服务的质量和效率，以应对日益复杂的社会管理需求。

工业化进程中必须注重环境问题。在追求经济快速增长的过程中，一些地区出现了环境污染和生态破坏问题。这不仅威胁到人民的健康和生活质量，也对可持续发展构成了挑战。因此，在后续的发展策略中，中国开始将环境保护和生态文明建设纳入国家发展的总体规划。通过制定和实施一系列环境保护政策和措施，中国逐步提高了环境管理的水平，努力实现经济发展与生态环境保护的协调。

（三）对外开放与国际合作的促进

中国早期的现代化尝试在一定程度上受到了国际环境的制约，特别是在国际交流和合作方面的局限性。改革开放政策的实施，标志着中国在对外关系方面的重大转变。中国开始摒弃过去的封闭政策，积极融入全球经济体系。这一转变首先体现在对外贸易的大幅增加和外资的引进上。中国逐渐成为世界上最大的出口国之一，并吸引了大量外国直接投资，这些都直接推动了中国经济的快速增长。

中国也开始加强与国际社会的交流合作。这种交流不仅限于经济领域，还包括文化、教育、科技等多个方面。国际合作的加强使中国能够更直接地学习和吸收国外的先进技术和管理经验。中国开始积极融入全球经济体系，加强与国际社会的交流与合作。加入世界贸易组织（WTO）等国际组织也显著提高了中国在国际舞台上的地位。一方面，这为中国提供了一个更广阔的市场，使中国能够更加积极地参与到全球经济治理中。中国通过参与多边贸易系统和国际经济合作，加强了与世界经济的联系，同时也提升了自身的国际影响力。另一方面，这为中国带来了资本、技术和管理经验，促进了中国经济的进一步发展和国际地位的提升。这种对外开放和国际合作的促进，成为中国现代化建设的重要组成部分，为中国的持续发展提供了动力和资源。这也促使中国在继续发展的同时，更加重视与国际规则的接轨和全球治理的参与。

第二节　大规模工业化与技术转移

一、大规模工业化的历史背景与发展

（一）大规模工业化的历史背景

新中国成立初期，中国面临的是一个破败的工业基础和落后的经济状况。这种背景下，中国政府作出了将工业化作为国家发展重中之重的重要决策。这一决策的背后，是对国家自力更生和现代化的深刻认识。在这一时期，中国的工业化不仅是经济发展的需求，更是国家主权和安全的需要。

20世纪50年代至70年代，中国政府通过实施一系列的"五年计划"，着手于工业基础设施的建设和重工业的发展。这一时期，中国工业化的重点是建立完整的工业体系，尤其是在钢铁、煤炭、机械制造和化学工业等基础工业领域。这些行业的发展对于建立独立的国民经济体系至关重要。

工业化进程中，中国政府采取了多种措施来加强国家的工业基础。首先，大量投资于基础设施建设，如道路、铁路和电力系统，为工业发展提供必要的物质基础。其次，国家对重点工业项目给予重点支持，如

"一五"计划期间的 156 个重点工程项目，这些项目极大地推动了中国工业的快速发展。

与此同时，中国在工业化过程中面临着技术和资本的双重挑战。为了打破对外国技术和资本的依赖，中国采取了自主研发与技术引进并重的策略。在自主研发方面，国家加大了对科研机构和高等教育的投入，鼓励国内技术创新。在技术引进方面，中国与苏联及其他社会主义国家建立了技术合作关系，并引进了一批重要的工业技术和设备。

随着改革开放的推进，中国开始更加注重与西方国家的技术合作与交流。通过建立合资企业、技术引进和学习国外的先进管理经验，中国的工业化进程逐渐融入全球化的大潮中。这一转变不仅加速了中国工业的现代化步伐，也为中国经济的持续发展注入了新的活力。

（二）大规模工业化的发展

1. 大规模工业化的初期阶段——改革开放以前

中国的大规模工业化起步于 1953 年的一五计划时期，这一阶段的工业化主要以基础工业和重工业为核心。在苏联的援助下，中国着手建设了一系列重要的工业基地，标志着中国工业化的初步形成。

在 20 世纪 50 年代至 60 年代，中国政府将重点放在了重工业的发展上，这包括钢铁、煤炭、机械制造和化学工业等。这一时期，中国建立了多个重要的工业城市和工业区，如鞍山、武汉、重庆等，这些城市的建设在很大程度上得益于大型钢铁厂和机械厂的建设。同时，中国也致力于建设基础设施，如铁路、公路和电力系统，为工业化提供必要的物质基础。

1964 年至 1978 年间，我国开展了延续时间最长、规模最为宏大的一次工业体系建设——大三线建设。即在以四川为中心的广大西南地区建立相对于全国独立的、"小而全"的国民经济体系、工业生产体系、资源能源体系、军工制造体系、交通通信体系、科技研发体系和战略储备体系。大三线建设的实施，为增强我国国防实力，改善生产力布局以及中国中西部地区工业化做出了极大贡献。这一时期的工业化取得了显著成就，因篇幅有限，只列举部分成就，具体如图2-1。

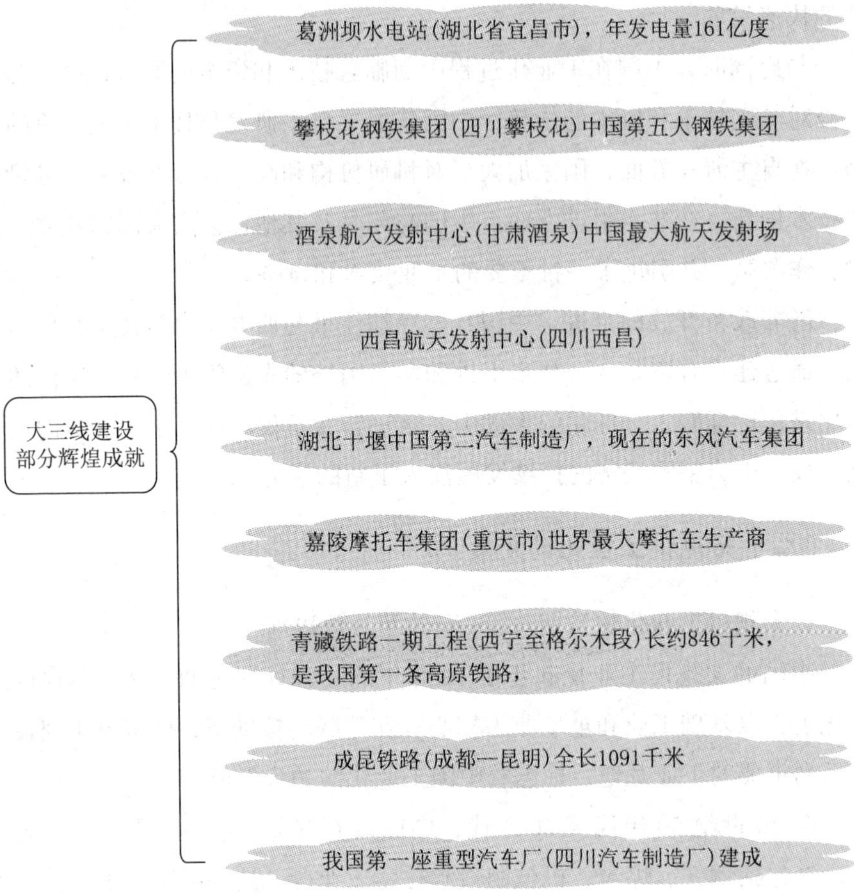

大三线建设部分辉煌成就

- 葛洲坝水电站(湖北省宜昌市)，年发电量161亿度
- 攀枝花钢铁集团(四川攀枝花)中国第五大钢铁集团
- 酒泉航天发射中心(甘肃酒泉)中国最大航天发射场
- 西昌航天发射中心(四川西昌)
- 湖北十堰中国第二汽车制造厂，现在的东风汽车集团
- 嘉陵摩托车集团(重庆市)世界最大摩托车生产商
- 青藏铁路一期工程(西宁至格尔木段)长约846千米，是我国第一条高原铁路，
- 成昆铁路(成都—昆明)全长1091千米
- 我国第一座重型汽车厂(四川汽车制造厂)建成

图2-1 大三线建设部分辉煌成就

2.改革开放新时期

随着时间的推移，中国工业化进入了一个新的阶段，中国的工业化逐步从重工业转向了更多元化的发展。特别是在70年代末期，随着改革开放的启动，中国逐步放宽对外经济政策，引进外资，与国际市场接轨。这一时期，轻工业和消费品制造业开始得到快速发展，如纺织、家电、电子产品等领域的迅速扩张。这些产业的发展不仅满足了国内市场的需求，也使中国逐渐成为重要的出口国。同时，市场机制的作用日益增强，私营企

业和外资企业在中国经济中扮演了越来越重要的角色。外资的引入特别是在制造业领域，带来了先进的技术和管理经验，推动了中国工业的技术进步和创新。此外，政府也开始注重产业结构的优化和升级，通过政策引导和支持，促进高新技术产业的发展。

在这个过程中，中国政府采取了一系列措施促进技术的引进和创新。除了引进国外的先进技术，政府还着重于培养国内的研发能力，建立了多个国家级重点实验室和研究中心。同时，政府也鼓励国内企业进行技术创新，提高了国内产业的技术水平。

二、技术转移的策略与实施

（一）引进国外先进技术

工业化进程中，中国积极引进国外先进技术，特别是自改革开放以来，中国政府采取了更为开放的政策，致力于吸引外国技术和资本，以促进国内工业的现代化和提升国际竞争力。

改革开放初期，中国面对的是一个技术落后、工业基础薄弱的现实。为了迅速改变这一状况，中国政府制定了一系列政策，积极引进国外的先进技术和管理经验。设立深圳、珠海、厦门等经济特区和开放城市，在这些区域内，政府提供了一系列优惠措施，包括税收减免、土地使用权的便利化及简化的审批程序，旨在吸引外国直接投资和先进技术。

中国政府还积极与国外企业和研究机构建立了广泛的合作关系。这些合作不仅包括技术引进，还涉及合资企业的设立、技术许可协议和直接购买等形式。这些合作项目不仅为中国引入了先进的生产技术，也带来了产品设计、市场营销和品牌管理等方面的知识。

中国在引进国外技术的同时，也非常注重技术的消化、吸收和再创新。政府鼓励国内企业通过引进的技术进行创新，以提高国内产业的技术水平和国际竞争力。为此，政府在政策上对自主研发和创新给予了强有力的支持，包括财政资助、税收优惠及建立技术创新体系等措施。

随着时间的推移，中国的技术引进策略逐渐展现出成效。不仅实现了技术的跟进，甚至在某些方面达到了世界领先水平。这一过程不仅促进了中国工业的现代化，也为中国经济的持续增长提供了强有力的技术支撑。

（二）对外合作的其他方式

中国的技术转移和合作项目在国家现代化建设中发挥了重要作用。这些项目主要通过与外国公司的合资企业、技术许可协议、直接购买和技术合作等多样化的实施方式来进行。

1. 合资企业

合资企业是技术转移的主要形式之一。通过与外国公司建立合资企业，中国企业能够直接接触和学习国外的先进技术和管理方法。这种合作模式在汽车、电子和石化等行业尤为突出。例如，中国的许多汽车制造企业通过与国外汽车公司的合资，引进了先进的汽车制造技术和管理经验，快速提升了中国汽车工业的水平。这种合作不仅涉及技术转移，也包括产品设计、市场营销和品牌管理等方面的知识传输。

2. 技术许可协议

技术许可协议是重要的技术转移途径。通过这种方式，中国企业能够获得使用特定技术的权利。这些协议常常涵盖了技术转让、员工培训和技术支持等方面，帮助中国企业快速掌握和应用新技术。技术许可协议在诸如电子信息技术、新材料制造等高新技术领域尤为普遍。

3. 直接购买和技术合作

直接购买外国先进设备和技术是技术转移的有效途径。这种方式直接、快速，对于迅速提升中国产业技术水平具有重要意义。同时，技术合作项目，如国际研发合作、学术交流和联合研究项目，也为技术转移和创新提供了平台。这些合作不仅使中国企业能够接触到前沿技术，还有助于培养国内的自主研发能力。

（三）区域技术转移

由于中国地域辽阔，各地区在经济发展、工业基础和技术能力上存在显著的差异，区域技术转移成为缩小这些差异、推动区域协调发展的关键策略。

中国政府为了促进区域技术转移，制定了一系列政策和措施。这些措施旨在鼓励技术在国内不同地区间的共享和转移，特别是支持东部发达地区与中西部欠发达地区之间的技术合作项目。例如，政府鼓励东部地区的企业将先进的技术和管理经验转移到中西部地区，通过合作项目、技术培训和人才交流等方式实现这一目标。同时，政府在财政、税收和政策上给予一定的优惠和支持，以激励企业和研究机构参与区域间的技术合作和交流。

这种区域技术转移的实施对中国工业化进程产生了重大影响。首先，它有助于促进先进技术在全国范围内的广泛应用和普及。特别是对于中西部等欠发达地区而言，技术转移能够迅速提升当地的工业生产能力和技术水平，加速其工业化进程。其次，技术转移有助于提高地区的生产效率和经济发展水平，有利于推动当地经济的多元化发展，进而缓解区域发展不均衡的问题。

区域技术转移还促进了全国范围内的人才流动和知识传播。这不仅加强了国内各地区之间的经济联系与合作，也为人才提供了更多的发展机会。通过这种方式，技术和知识得以在更广泛的区域内传播和应用，促进了全国经济的整体进步和创新能力的提升。

（四）建立技术创新体系

除了引进外国技术，中国政府高度重视发展国内的研发和创新能力，这一策略不仅旨在吸收和消化引进的技术，而且致力于培养国内的原创创新能力。

第一，中国政府大幅增加了对科学研究和技术开发的投资。这种投资不仅体现在财政资金的增加上，还包括为研究和开发创造了有利的政策环境。政府通过各种形式的支持，鼓励国内企业和研究机构加强技术研发活动，特别是在高新技术领域。第二，中国政府着手建立了一系列的国家重点实验室和研究中心。这些实验室和研究中心覆盖了从基础科学到应用技术的广泛领域，如生物技术、新材料科学、信息技术等。这些机构不仅是国内科研活动的重要基地，也成为国内外科学家交流合作的平台。第三，政府还鼓励国内企业进行自主研发和技术创新。政府通过提供研发补贴、税收优惠等措施，激励企业增加研发投入，加强自主创新能力的培养。第四，政府还支持企业与高等院校和科研机构的合作，以促进产学研结合，加快科技成果的转化应用。

这些措施的实施，逐渐展现出明显的成效。中国在多个领域取得了显著的自主创新成果。例如，在高速铁路技术方面，中国已经成为世界领先国家之一；在通信设备领域，中国企业在全球市场上占据了重要地位；在新能源技术领域，中国也取得了一系列重要的创新成果。

现将技术转移实施方式总结如下，如图 2-2 所示。

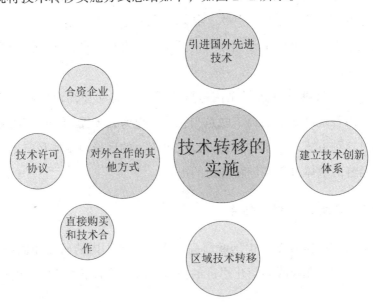

图 2-2　技术转移的实施

第三节 科技体制建设与科技突破

一、科技体制建设历程

（一）科技体制改革的历史背景和发展措施

中国科技体制改革是对国家在科技领域追求自主创新和提升国际竞争力的反映。这一改革旨在应对快速变化的全球科技环境和国内经济发展的需求，通过调整和优化科技体制，激发科技创新的潜力和活力。

改革的历史背景可追溯到 20 世纪 80 年代，当时中国正处于经济体制转型的初期阶段。在这一时期，中国的科技体制主要是计划经济下的遗产，特点是政府高度控制、资源配置中心化以及研究与市场脱节。这种模式在一定程度上限制了科技创新的效率和质量，与日益增长的经济发展需求形成了鲜明对比。因此，对科技体制进行改革，以更好地适应市场经济的需求，成为当时的必然选择。

改革的初衷是通过调整科技体制，使之更加灵活、高效，更能适应市场经济的环境。这包括了减少政府在科技活动中的直接干预，提高科研机构和科研人员的自主权，以及鼓励科技与经济紧密结合，促进科技成果的转化和应用。

在改革的实施过程中，中国政府采取了一系列措施：

1. 政府逐步放松了对科研项目和资金的直接控制，引入竞争机制，鼓励科研机构和科研人员根据市场需求和科技发展趋势自主确定研究方向。

2. 政府推动了科研机构的多元化发展，包括鼓励民间资本投资科研活动，以及促进高校和企业在科研项目中的合作。

3. 政府还加强了对科技创新的政策支持，如提供税收优惠、设立科技创新基金等。

随着改革的深入，中国的科技体制变得更加开放和灵活。科研机构和科研人员的自主性得到了显著提升，科技创新的活力被充分激发。与此同时，科技与经济的结合越来越紧密，科技成果的转化率大大提高。这些变化不仅加速了中国科技的发展，也为经济的持续增长提供了强有力的支撑。

（二）科技创新机制的构建与实施

中国在构建科技创新机制方面采取了多项措施，涵盖了组织结构的优化、研发投入的增加，以及为创新提供政策支持等多个方面。

在组织结构方面，中国政府采取了一系列措施，建立了一个涵盖政府、高等院校、研究机构和企业的多层次创新体系。这一体系的构建旨在促进不同组织间的协作和资源共享，以更好地应对科技发展的挑战和市场需求。例如，国家重点实验室和工程技术研究中心的设立，不仅提供了科研的高端平台，也促进了科学研究与实际产业需求的有效对接。这种结构促进了科研活动的专业化和深入化，同时加强了科研与产业之间的紧密联系，为科技创新提供了坚实的基础。

政府持续增加研发投入，对科技创新起到了至关重要的推动作用。通过财政资助和税收优惠等方式，政府鼓励企业和研究机构增加对科技创新的投入。这些投入不仅包括直接的财政拨款，还包括为科技创新提供必要的物质和技术支持。这些措施极大地激发了企业和科研机构的创新热情和活力，为科技发展提供了充足的资金保障。

中国政府推出了一系列旨在鼓励创新的政策措施。这包括简化科技项目的审批流程，使得科研人员能够更快速地开展研究工作。同时，加强知识产权保护，保障创新成果的合法权益，增加创新的积极性。此外，政府还特别支持高新技术企业的发展，为这些企业提供了一系列优惠政策和专项资金扶持，鼓励其在新技术研发和应用方面发挥领头作用。

除上述措施外，中国政府还积极推动国际科技合作，引进国外先进科技和管理经验，提升国内科技创新的整体水平。通过与国外科研机构和企业的合作，中国不仅能够吸收和学习国际先进的科技成果，还能够将这些成果与国内的实际情况相结合，推动科技创新。

（三）科技创新机制对现代化发展的促进作用

中国的科技创新机制对其现代化发展起到了至关重要的推动作用。科技体制的改革和创新机制的构建不仅为科研人员和材料机构提供了更大的自主性和灵活性，而且激发了科研人员的创新活力，从而在多个领域推动了中国的科技进步。

科技体制的改革为中国的科研环境带来了根本性的变革。改革的核心是提高科研机构和科研人员的自主性，这意味着科研方向和项目选择更加注重市场需求和科技前沿，而非仅仅遵循行政命令或传统路径。这一改变使得科研活动更具创新性和前瞻性，极大提高了科研效率和效果。同时，科研人员因为获得了更多的自主决策权和创新空间，其创新动力和创造能力得到了显著提升。

在企业方面，改革将企业确立为科技创新的重要主体。通过市场机制与科研机构的有效对接，促进了科技成果的快速转化。企业在这一过程中不仅扮演了科技成果应用和推广的角色，还积极参与到科技研发的各个阶段，从而加速了科技创新的整体进程。这种模式不仅增加了科技成果的实用性和市场针对性，也加强了科技与经济的紧密结合。

知识产权保护的强化为科技创新提供了必要的法律保障。在知识经济时代，提升知识产权保护对于激励创新尤为重要。中国政府在知识产权保护方面的努力，包括立法完善、执法加强和国际合作，为创新成果提供了安全的法律环境。这不仅保护了创新者的合法权益，也促进了技术交流合作，提高了创新的整体效率和质量。

二、关键科技领域的突破及成果转化

关键科技领域包含信息技术、生物技术、能源技术、航空航天技术、材料技术、交通运输技术、制造技术和环境技术等八个方面，涵盖了人类社会发展的方方面面。这些领域的不断创新和进步，为人类社会带来了巨大的变革和发展。

下面将以图示的方式说明关键科技领域的组成部分，如图 2-3 所示。

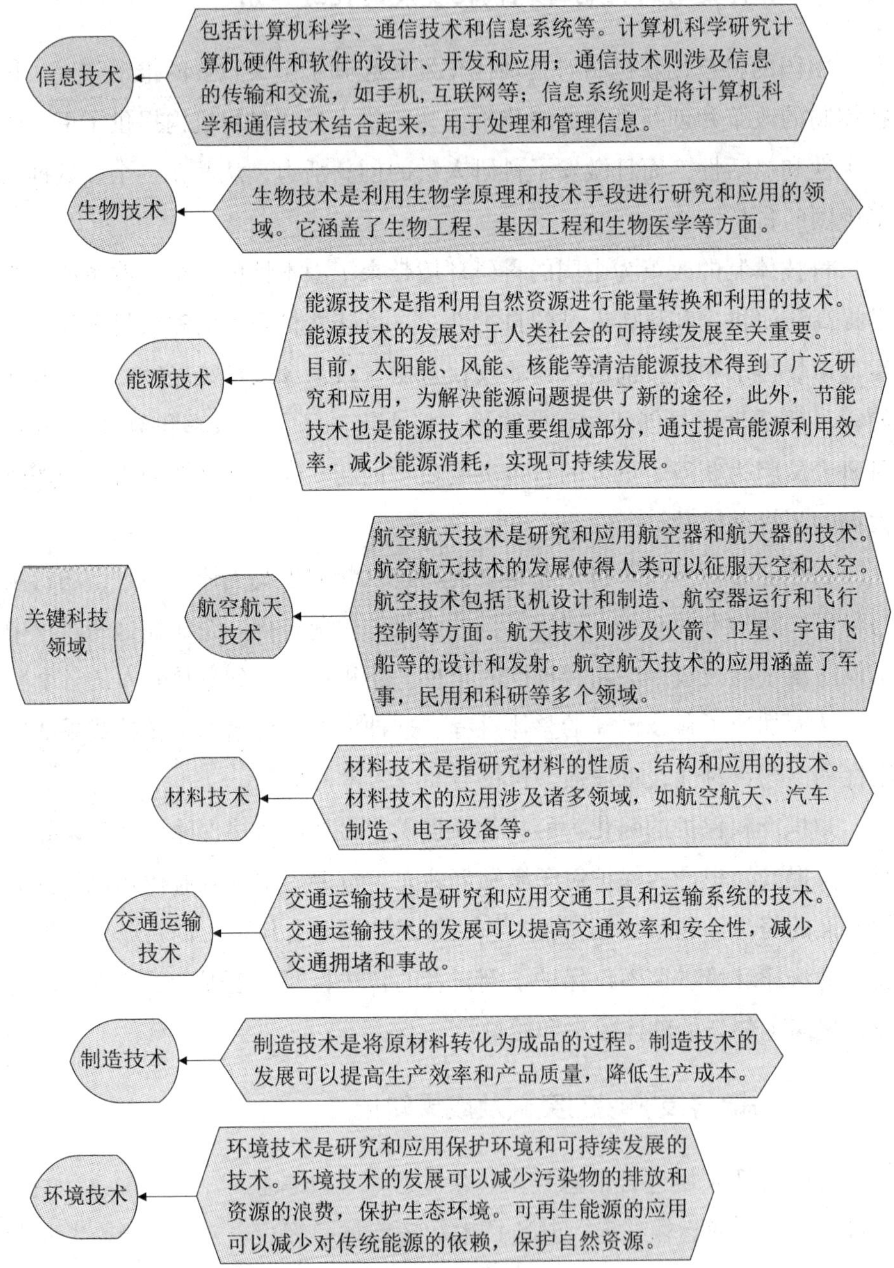

信息技术 包括计算机科学、通信技术和信息系统等。计算机科学研究计算机硬件和软件的设计、开发和应用；通信技术则涉及信息的传输和交流，如手机，互联网等；信息系统则是将计算机科学和通信技术结合起来，用于处理和管理信息。

生物技术 生物技术是利用生物学原理和技术手段进行研究和应用的领域。它涵盖了生物工程、基因工程和生物医学等方面。

能源技术 能源技术是指利用自然资源进行能量转换和利用的技术。能源技术的发展对于人类社会的可持续发展至关重要。目前，太阳能、风能、核能等清洁能源技术得到了广泛研究和应用，为解决能源问题提供了新的途径，此外，节能技术也是能源技术的重要组成部分，通过提高能源利用效率，减少能源消耗，实现可持续发展。

关键科技领域

航空航天技术 航空航天技术是研究和应用航空器和航天器的技术。航空航天技术的发展使得人类可以征服天空和太空。航空技术包括飞机设计和制造、航空器运行和飞行控制等方面。航天技术则涉及火箭、卫星、宇宙飞船等的设计和发射。航空航天技术的应用涵盖了军事，民用和科研等多个领域。

材料技术 材料技术是指研究材料的性质、结构和应用的技术。材料技术的应用涉及诸多领域，如航空航天、汽车制造、电子设备等。

交通运输技术 交通运输技术是研究和应用交通工具和运输系统的技术。交通运输技术的发展可以提高交通效率和安全性，减少交通拥堵和事故。

制造技术 制造技术是将原材料转化为成品的过程。制造技术的发展可以提高生产效率和产品质量，降低生产成本。

环境技术 环境技术是研究和应用保护环境和可持续发展的技术。环境技术的发展可以减少污染物的排放和资源的浪费，保护生态环境。可再生能源的应用可以减少对传统能源的依赖，保护自然资源。

图 2-3　关键科技领域

（一）关键科技领域的突破

中国在多个关键科技领域实现了重大突破。特别是在信息技术、生物技术和能源技术领域，中国的成就不仅体现了国家的科技创新能力为经济和社会发展提供了重要的技术支撑，也为全球科技发展做出了贡献。

在信息技术领域，中国的进步尤为显著。通过持续的研发投入和政策支持，中国成功发展了高速网络、大数据和云计算等关键技术。特别是在5G通信技术方面，中国不仅在技术研发上走在世界前列，还在全球范围内推动了5G技术的商业应用。这些技术的发展不仅极大提升了网络通信的速度和质量，也为数字经济和智能制造等新兴产业的发展提供了强有力的技术支撑。

新能源领域的突破是中国应对能源危机和环境问题的关键。中国成为全球最大的可再生能源市场，在太阳能和风能技术领域取得了重大进展。这些技术的发展不仅有助于减少对化石能源的依赖，减少环境污染，也为中国及其他国家提供了可持续发展的新途径。中国在新能源汽车、电池技术等方面的投资和研发，进一步证明了其在新能源领域的领先地位。

在生物科学领域，中国的科研团队在基因编辑、干细胞研究等前沿领域取得了重要成就。这些研究的突破对于医学、农业和生物技术等多个领域具有深远的影响。例如，基因编辑技术的发展不仅为遗传病的治疗提供了新的可能，也为农作物的抗病改良提供了有效手段。中国在这一领域的进步展现了其在生物科学研究上的深厚实力。

（二）科技成果的转化及产业发展

科技成果转化及产业发展是中国现代化进程中的重要一环，通过一系列政策和机制的实施，科技成果的商业化和产业化得到了显著加速，这些成果有效地转化为了实际的产业发展和经济增长。

1.政府在推动产学研合作方面发挥了积极作用。政府通过鼓励高等院校、研究机构与企业之间的合作，促进了科研成果的快速转移和应用。这种合作模式不仅加速了科技成果从实验室到市场的转化过程，还促进了产业界与学术界之间的知识和技术交流。此外，这种跨界合作还有助于识别和培育新的科技趋势和市场机会，从而推动创新驱动的经济增长。

2. 建立技术转移机构是另一个重要措施。建立如技术转移中心或创新园区等机构，为科研成果的商业化提供了专业的服务和支持。不仅帮助科研人员保护知识产权，还提供市场分析、技术评估和商业策划等服务，极大地降低了科技成果转化的障碍。这些机构成为连接科研和市场的重要桥梁，有效促进了科技成果的快速应用和产业化。

3. 政府在提供财政支持方面也发挥了关键作用。政府通过直接资助、税收优惠、资金补贴等方式支持科技成果的转化和产业化。这些政策不仅降低了创新企业的经营成本，还激励了更多企业参与科技创新和成果转化。此外，政府还设立了一系列专项基金，如国家高技术研究发展计划（"863"计划）和国家科技重大专项，为关键领域和战略性新兴产业的科技成果转化提供了有力支持。

在信息技术、材料技术和制造技术等领域，中国的众多科研成果被迅速转化为新产品和新服务。这些成果的应用不仅推动了相关产业的升级和创新，还提高了企业的核心竞争力，更为中国现代化的快速发展奠定了基础。

（三）科技突破对现代化发展的推动作用

关键科技领域的突破不仅标志着中国在现代化过程中经济的转型升级，也显著提升了中国在全球产业链中的地位，并为社会和环境问题的解决提供了新的途径。

科技突破促进了中国经济的转型升级。过去几十年间，中国经历了从以制造业为主导的"世界工厂"向全球创新中心的转变。这一转变的核心驱动力是科技创新。在高速铁路、5G通信、人工智能、生物技术等领域，中国不仅赶上了世界先进水平，甚至在某些领域成为全球领先者。这些科技进步不仅提高了中国制造业的技术水平和附加值，也推动了服务业、数字经济等新兴产业的快速发展，从而实现经济结构的优化和产业升级。

科技进步提升了中国在全球产业链中的地位。随着科技创新能力的提升，中国产品在国际市场上的竞争力得到了显著提高。中国不再仅仅是低成本制造的代名词，而是逐渐成为高技术含量产品的重要生产国。这不仅提高了出口产品的附加值，也提升了中国品牌的国际形象。同时，中国企业在全球价值链中的地位也得以提升，从参与者逐渐转变为领导者。

科技创新在解决社会和环境问题方面发挥了关键作用。新能源技术的发展，特别是在太阳能、风能、电动汽车等领域的进步，有助于减少碳排放和环境污染，促进生态文明建设。这些技术的应用不仅提高了能源的使用效率，也为可持续发展提供了新的路径。同时，科技创新还在医疗、教育、公共安全等社会领域发挥着越来越重要的作用，提升了社会治理水平和公民生活质量。

第三章 中国式现代化建设的
核心动力：科技现代化

第一节 科技现代化的内涵、作用及驱动因素分析

一、科技现代化的内涵

科技现代化是一个多维的概念，涉及科学研究、技术创新，以及对这些成果的应用和普及。从广义上讲，科技现代化指的是科学技术的发展和应用达到现代社会的最新标准，这不仅包括新技术的发明和创新，还包括这些技术在经济、社会和文化等多个领域的广泛应用。科技现代化的核心要素主要包括技术创新、知识产权保护、科技人才培养和科技成果转化等。这些要素共同构成了一个国家或地区科技现代化的基础。在这个基础上，科技现代化的进程将对社会的各个方面产生深远的影响。

科技现代化的主要特征可以归纳为几个方面。首先是创新速度的加快。在现代社会，科技的更新换代速度越来越快，新技术、新产品迅速涌现并被广泛应用。其次是技术融合的趋势。不同学科和技术领域之间的界

限逐渐模糊，交叉融合成为常态，如生物技术和信息技术的结合。此外，科技现代化还表现为应用的广泛性。现代科技不仅局限于传统的工业和科研领域，而且深入到社会生活的各个层面，比如医疗、教育、交通和娱乐等。

现代科技与传统科技在多个方面存在显著区别。从发展模式上看，传统科技更多依赖于个体的发明和经验积累，而现代科技则是基于系统的科学研究和团队合作。在应用范围上，传统科技通常局限于特定领域或地区，而现代科技则因其高度的通用性和互联网的普及，其应用范围几乎覆盖了全球。此外，在影响力方面，现代科技由于其创新性和效率性，对经济发展、社会变革和文化演进的影响远超过传统科技。

二、科技现代化的作用

（一）国内方面

科技现代化作为经济增长的助推器，其实质在于它为经济发展提供了新的动能和转型的途径。在传统模式中，经济增长往往依赖于自然资源的开采和劳动力的投入。然而，在科技现代化的背景下，创新成为推动经济增长的关键因素。通过科技进步，生产过程变得更加高效，新产品和新服务不断涌现，促进了产业结构的升级和经济模式的转变。例如，数字经济、绿色能源和智能制造等新兴产业的发展，正是科技现代化推动经济增长的典型示例。

科技现代化对社会结构和文化观念产生了深远的影响。随着新技术的广泛应用，如互联网、人工智能和物联网的出现改变了社会的运行方式和人们的互动模式。在科技的不断推动下，社会组织结构经历了显著的变化，尤其在劳动市场和职业结构方面。这些变化不仅反映在经济领域，也深刻影响了人们的日常生活和社会互动方式。科技发展对劳动市场的影响主要体现在两个方面：一是促进了新职业的产生，二是导致了传统职业的消亡或转型。以数字化和自动化为例，它们的发展催生了大量新的职业，如数据分析师、用户体验设计师、机器学习工程师等，这些职业对技术理解和应用的需求更高。与此同时，一些传统的、重复性高的工作，如流水线作业和某些行政职能，正逐渐被自动化技术所替代。这种转变不仅影响了就业市场的结构，也对劳动者的技能储备提出了新的要求。科技的发展也促进了职业结构的调整。在高科技和知识密集型产业中，对高技能劳动力的需求日益增加。这导致了劳动市场对于高等教育和专业技能的重视程度提升。随着远程工作和数字化工具的普及，更多的工作变得灵活和分散，改变了传统的工作模式和组织结构。科技的发展还在形成新的社会群体和生活方式中发挥了重要作用。例如，互联网和社交媒体的普及，促成了一系列基于网络的社交和文化活动，如网络社区、在线游戏和虚拟现实体验等。这些新兴的社交形式为人们提供了更为丰富和多元的交流与互动方式。人们的生活方式也因此发生改变，传统的社会互动方式逐渐转变为数字化和网络化。科技的发展还推动了全球化进程，不同文化和知识的交流变得更加频繁，促进了文化的多样性和包容性。

科技现代化在实现环境保护和可持续发展方面扮演着至关重要的角色，科技创新成为解决环境污染和资源枯竭等问题的关键。例如，可再生能源技术的发展减少了对化石燃料的依赖，降低了碳排放，推动了能源结构的优化。智能技术的应用提高了资源利用效率，减少了浪费。同时，环境监测和污染治理技术的进步也加强了对环境问题的管控能力。因此，科技现代化不仅促进了经济的繁荣，也为可持续发展和生态文明建设提供了技术支持和解决方案。

（二）国际方面

随着全球化的加深，科技领域的合作和竞争日益激烈。国家之间在科技创新、知识产权、高科技人才等方面的竞争不断加剧。同时，全球科技合作也在增强，国际科研项目、跨国公司的研发合作以及多国间的科技协议不断涌现。这种合作与竞争的双重特性促进了科技知识的快速传播和技术创新的加速发展，同时也对国际科技秩序产生了影响。

科技现代化对全球经济和政治产生了深远的影响。经济方面，科技进步是推动全球经济增长的关键因素之一，特别是在数字经济、绿色能源等新兴产业领域。科技创新改变了全球产业结构，推动了新旧产业的转型升级，也影响了国家间的经济竞争力。政治方面，科技的发展对国际关系和全球治理产生了重要影响。一方面，科技进步加剧了国家间的科技竞争，另一方面，它也为解决全球性问题如气候变化、公共卫生等提供了可能。

1. 中国在全球科技创新中的角色定位

中国在全球科技创新体系中的地位逐渐上升，成为全球科技创新的重要力量。这一地位的形成得益于中国在科技研究、创新模式和技术发展方面的持续努力和显著成就。

在科技研究方面，中国已经成为世界上科研论文发表量最多的国家之一。中国的科研机构、高等院校和企业在多个科学领域进行了大量的基础和应用研究，特别是在材料科学、化学、物理学和工程技术学等领域取得了显著成果。中国科研人员在国际科学界的影响力不断增强，越来越多的中国科学家在国际科技界担任重要角色，参与全球科技治理和科学决策。

在创新模式方面，中国不仅注重引进和吸收国外先进技术，还致力于通过自主创新建立自己的科技体系。中国政府大力推动国家创新体系建设，支持高新技术区和创新型企业的发展。此外，中国也在探索与国情相符的创新模式，如"互联网＋"模式、共享经济等新兴业态等，这些模式在全球范围内产生了广泛影响。

在技术发展方面，中国在多个关键领域取得了显著进展。在信息通信技术（ICT）领域，中国在5G、人工智能、大数据等方面走在世界前列。在可再生能源技术、高速铁路和电动汽车等领域，中国同样展现出了强大的技术创新能力。这些技术不仅服务于国内经济社会发展，也为全球市场提供了丰富的产品和解决方案。

中国的科技创新还体现在对全球重大挑战的响应上。例如，应对气候变化，中国积极发展清洁能源和低碳技术，承诺实现碳中和目标。在全球公共卫生领域，中国在疫情防控、疫苗研发等方面做出了重要贡献，推动国际抗疫合作。只有大力推动科技创新，加快关键核心技术攻关，才能下好先手棋、打好主动仗，把竞争和发展的主动权牢牢掌握在自己手中，重塑我国国际合作和竞争新优势。[①]

中国在全球科技格局中的地位日益重要。随着近几十年来在科技领域的迅速发展，中国已成为全球科技创新的重要参与者。中国在多个科技领域取得了显著成就，这些成就不仅提升了中国的国际影响力，也使得中国在国际科技合作和竞争中扮演了更加积极的角色。中国致力于推动国际科技合作，通过参与全球科技治理、建立科技合作伙伴关系等方式，为解决全球性科技问题贡献力量。

2. 中国的科技发展对全球科技现代化的重要作用

中国的科技发展在全球科技现代化中发挥了重要作用，尤其在人工智能、可再生能源和生物技术等领域，对全球科技现代化产生了显著影响。

在人工智能（AI）领域，中国的发展速度令人瞩目。中国不仅拥有庞大的数据资源，还拥有强大的算法研发和应用能力。通过政府的积极推动和企业的投入，在语音识别、图像处理、自然语言处理和机器学习等方面取得了重要进步。中国的AI技术在医疗、交通、教育等多个领域得到了广泛应用，推动了这些行业的创新和发展。同时，中国的AI技术在国际上具有重要影响力，中国的AI企业在全球范围内拓展业务，推动了全球AI技术的发展和应用。

在可再生能源领域，中国是全球最大的可再生能源市场之一。中国在太阳能、风能等领域的技术创新和规模化应用，推动了全球可再生能源技术的发展，降低了成本，提高了效率。中国还积极参与全球气候变化治理，承诺减少温室气体排放，推动了全球可持续发展的进程。中国的可再生能源技术和产品在国际市场上具有重要地位，为全球能源转型和环境保护做出了贡献。

在生物技术领域，中国的科研机构和企业在基因组编辑、干细胞研

---

① 朱正圻：《金融科技——涵义、运转及赋能》，上海三联书店，2021。

究、生物制药等方面取得了重要成就。中国的科学家在基因编辑技术的应用研究中取得了突破，推动了生物医学的发展。在新冠肺炎疫情防控期间，中国迅速研发出多种疫苗，为全球疫情防控作出了重要贡献。此外，中国在生物技术领域的创新还包括生物制药、精准医疗等方面，推动了全球健康产业的发展。

3. 中国在全球科技治理中的影响力

中国在全球科技治理中的作用日益显著，体现在其积极参与国际科技合作、影响全球科技政策和规范的制定，以及在多边科技协议中发挥的领导力。这些活动不仅提升了中国在全球科技领域的影响力，还反映了中国对全球科技治理体系的贡献。

中国在国际科技合作方面表现出极大的积极性。中国政府通过与多个国家和国际组织建立合作关系，参与了众多国际科技项目和研究计划。这些合作涵盖了从基础科学研究到应用技术开发的广泛领域，如气候变化、可持续发展、新能源技术等。通过这些合作，中国不仅分享了自己的科技成果，也吸收了国际先进的科技理念和实践经验，加速了自身的科技进步。

中国在全球科技治理机制中发挥着重要作用。中国积极参与联合国等国际组织的科技政策讨论，为全球科技治理提供中国智慧和中国方案。例如，在联合国可持续发展目标的制定过程中，中国积极推动包括科技创新在内的多个领域的目标。这些活动展现了中国在全球科技治理中的贡献和责任感。

除此之外，中国还通过签署和参与多边科技协议，影响全球科技政策和规范的制定。中国不仅积极履行国际科技合作协议的义务，还在全球科技标准的制定、知识产权保护等方面发挥着越来越重要的作用。这反映了中国在全球科技治理中的领导力和影响力。

三、科技现代化的经济及社会驱动因素分析

（一）经济驱动因素

科技创新与经济发展之间的互动是当代经济发展的一个核心动力。科技进步不仅推动了新兴产业的形成，也促进了传统产业的转型升级，同时在提升整体经济效率和竞争力方面发挥了关键作用。

1. 科技创新是新兴产业形成的催化剂。例如，数字经济、生物技术、新能源和人工智能等领域的快速发展，都是科技进步带来的直接成果。这些新兴产业不仅为经济增长提供了新的增长点，也在很大程度上改变了全球产业结构和经济地理。例如，智能手机的普及催生了移动互联网产业的爆炸性增长，同时也推动了相关领域如移动支付、在线教育和远程医疗的发展。这些新兴产业往往具有高技术含量、高附加值，成为推动经济增长的重要力量。

2. 科技创新在传统产业的转型升级中扮演着重要角色。传统产业通过采用新技术、改进生产过程和优化产品，可以实现效率提升和附加值增加。例如，制造业通过引入自动化和智能制造技术，提高了生产效率和产品质量，降低了生产成本。农业领域通过引入现代生物技术和信息技术，实现了精准农业和高效管理。这些转型升级不仅提高了产业的竞争力，也为经济可持续发展提供了支持。

3. 科技创新在提升整体经济效率和竞争力方面起到了决定性作用。技术进步通过优化资源配置、提高生产效率和创造新的市场机会，促进了经济的整体发展。例如，大数据和云计算技术的应用使企业能够更有效地管理资源和分析市场，提高了决策的精准性。科技创新还推动了全球价值链的重构，使得一些发展中国家得以参与到更高附加值的产业链环节中，提升了它们在全球经济中的地位。

（二）社会驱动因素

社会需求和变革在科技创新中扮演着催化剂的角色，直接影响科技研究的方向和发展趋势。这种影响体现在多个层面，包括对科技研究方向的引导和对科技发展趋势的促进。

社会问题对科技研究方向的影响是显而易见的。随着社会的发展，人们面临的问题也在不断变化，这些问题往往需要科技创新来解决。例如，环境污染和气候变化是当代社会面临的重大挑战，这推动了清洁能源技术和环境保护技术的研究。在医疗领域，随着人口老龄化和慢性病的增多，对于医疗技术和健康管理系统的需求日益增加，从而促进了相关技术的发展。在教育领域，对于提高教育质量和普及化的需求推动了远程教育和数字教育工具的创新。这些社会需求不仅定义了科技研究的重点领域，也引导了科技资源的配置和投入。

民众需求在形成科技发展趋势中的作用不容小觑。科技创新的最终目的是满足人们的需求和提高人们的生活质量。随着社会的进步和生活水平的提高，民众对于科技产品和服务的需求越来越多元化和个性化。这些需求促使科技公司和研究机构不断创新，以满足市场的变化。例如，智能手机和可穿戴设备的流行，反映了人们对于便携性、互联性和智能化的需求。在交通领域，对于便捷、环保的出行方式的需求促进了电动车和自动驾驶技术的发展。这些民众需求不仅推动了科技产品的创新，也促进了新的商业模式和产业生态的形成。

第二节　科技现代化驱动中国式现代化建设的历史经验

一、科技现代化驱动中国式现代化建设的主要历程

（一）第一阶段：新中国成立之初到改革开放前

新中国成立之初，国家政府对科学研究机构和科研队伍建设给予了极大的重视和投入。1949年11月，中国科学院的成立聚集了大量科学家，体现了国家对科研的高度重视。随后国家各级主管部门及地方政府纷纷建立了一系列科研机构，加速了科技力量的集聚和发展。

20世纪五50年代，中国科学院在社会科学领域的扩展表明了对跨学科研究的关注。至1955年，全国自然科学研究机构数量超过840个，科技工作者人数增至40多万。1956年，国务院下设科学规划委员会，并在周恩来的主导下，制定了1956—1967年的自然科学及哲学社会科学的12年发展规划。这一规划的制定体现了国家对科技发展长远规划的重视。1957年，中国成功完成了首个五年计划，156项重要工业项目陆续投入生产，显著增强了国家的科技实力。

20世纪六七十年代，中国科学院进一步拓展社会科学研究领域，全国范围内科研机构数量达到1741个，科研人员接近20万。这一时期，中国在电子计算机、原子弹研制以及牛胰岛素的人工合成等领域取得了重要进展，标志着中国科技实力的显著提升，为后续的科技发展奠定了坚实基础。

（二）第二阶段：十一届三中全会以来

自十一届三中全会以来，中国的科技发展步入了一个新的历史阶段。在这一时期，中国致力于缩小与世界先进科技水平的差距，将科技发展置于国家发展战略的核心位置。邓小平在此背景下提出了"科学技术是第一生产力"的论断，强调科技对于未来发展的重要性。随后的党的十二大、十三大和十四大都将科技和教育放在优先发展的位置，反映了我国对科技进步的高度重视。

在政策的指导和推动下，中国科技事业呈现出多层次发展的新格局。面向经济建设的科研工作得到加强，同时注重高技术领域的研究和基础科学的探索。科研机构的工作机制和组织布局经历了深刻的变革，激发了科研领域的创新活力，促进了科技与经济的紧密结合。

特别是自20世纪80年代起，中国在多个高技术领域取得显著成就，如正负电子对撞机、重离子加速器、同步辐射实验室的建成以及"银河"巨型计算机的研制成功。这些成就不仅在科学技术领域标志着中国的重大突破，也为经济建设和国防建设提供了强有力的支持。

（三）第三阶段：党的十八大以来

党的十八大以来，中国式现代化建设取得新的历史性成就。在习近平经济思想的引领下，中国正在加快迈向更高质量、更有效率、更加公平、更加持续、更为安全的发展之路，我国的经济实力、科技实力、综合国力、国际影响力持续增强。

中国的科技队伍和科研体系日益成熟，学科门类齐全，科技攻关实力不断增强，部分领域已接近或达到了世界先进水平。例如，可持续能源技术的发展是对气候变化和环境保护挑战的直接回应，而人工智能和量子计算的研究则代表了人类对更高智慧和计算能力的追求。此外，大型科研项目的成功运行和重要技术的创新，进一步证明了中国科技力量的提升和科技现代化对中国式现代化建设的推动作用。

互联网和数字技术的发展催生了全新的电子商务和数字服务行业，改变了传统的商业模式。同时，科技进步也为资源利用效率的提高和环境问题的解决提供了可能，从而推动了经济的可持续发展。科技发展进一步加速，新兴科技如人工智能、量子计算、可持续能源技术等成为新的发展热点。这些科技的发展不仅是技术进步的体现，更是对当代复杂社会问题的回应。信息技术的进步，尤其是互联网和社交媒体的普及，改变了政府与公民之间的互动方式，提高了政府工作的透明度和效率，同时也为公民参与政治提供了新的渠道。另外，科技创新也推动了文化产业的新发展，如数字艺术、虚拟现实等。

二、科技现代化驱动中国式现代化建设的经验总结

（一）改革开放前的基础建设经验

新中国成立初期至改革开放前，中国的科技发展经历了从零起步到逐步建立完善科技体系的过程。中国的科技基础建设和初步探索，虽面临种种挑战，但在政府的有力推动下，逐步建立起科技教育、科研机构和管理体系，为中国后续的现代化发展奠定了坚实的基础。这一时期的经验表明，科技发展不仅需要政府的支持和投入，还需要长期的人才培养、科研机构建设和科技政策的制定，这些都是推动科技现代化的关键因素。

1.重视科技教育和人才培养。新中国成立之初，面对科技人才短缺的局面，政府大力发展高等教育，重建和扩建高等学府，同时引进国外专家和学者，提升国内科研人员的技术水平和创新能力。这些举措逐步培养了一支庞大的科研人才队伍，为中国的科技发展打下了坚实的人力资源基础。

2.政府着力于建立科技研究机构。在全国范围内建立了一系列的研究所和实验室，集中研究和解决国家经济建设中的关键科技问题。这些机构不仅推动了科学研究的进步，也为工业化提供了必要的技术支持。

3.中国开始实施重点科技项目。在 20 世纪六七十年代，中国政府启

动了多个大型科技项目，如原子能、空间技术和计算机技术等研究项目。这些项目虽在当时条件下存在诸多困难，但却展示了中国科技自主创新的决心，为中国后续的科技发展奠定了重要的技术基础。

4.中国在科技管理和政策方面进行了初步探索。在这一时期，中国逐步建立了科技管理体系，如科学规划委员会的成立，以及"五年计划"中科技发展的规划。这些措施使得科技发展更加有序，更好地服务于国家现代化的建设需要。

（二）改革开放后的宝贵经验

1.政策机制指引

改革开放后，中国的科技发展进入了一个全新的阶段，中国通过开放政策和市场机制的引入，实现了科技的快速发展。（1）改革开放政策极大地促进了科技领域的开放与国际交流。中国政府采取了更为开放的姿态，积极吸引外资、引进先进技术和管理经验，与国际科技界加强合作。特别是通过设立经济特区和开放城市，提供了一系列政策优惠和支持，吸引了大量外国投资和高端技术进入中国。这些举措不仅为中国的科技发展带来了新的思路和技术，也为中国科技人才提供了更广阔的学习和交流平台。（2）市场机制的引入为科技发展注入了新的活力。政府逐步放松对科技项目的直接控制，鼓励科研机构和企业根据市场需求开展研发工作。这种转变使得科技研发更加贴近市场，更能迅速响应社会和经济的需求，加速了科技成果的转化和应用。（3）中国政府对科技创新给予了强有力的支持。这包括加大对科技研发的财政投入，提高科研经费的使用效率，以及制定一系列鼓励创新的政策和措施。政府还强调了科技教育和人才培养的重要性，投入大量资源用于高等教育和职业培训，培养了一大批科技人才。

这一时期的经验表明，科技发展需要与国际接轨，市场机制的引入能有效激发科技创新活力，而政府的支持和投入仍然是不可或缺的。这些都是推动科技现代化，进而驱动中国式现代化建设的关键经验。

2. 科技与经济融合的实践经验

科技与经济融合是中国式现代化建设的一项核心实践经验。这种融合体现在科技创新与经济发展之间的密切互动，促进了中国经济的转型升级和高质量发展。科技创新已成为推动中国经济增长的关键动力。在过去几十年中，中国通过大力投资研发和创新活动，构建了一个高效的国家创新体系。这包括建设高水平的研究机构，鼓励企业参与研发，以及通过政策激励和财政支持创新活动。这些努力使得科技创新成为中国经济增长的重要引擎，提高了整体经济效率和国际竞争力。科技与经济融合在推动产业结构升级和新兴产业发展方面发挥了重要作用。中国积极发展高科技产业，如信息技术、新能源、生物科技等领域，这些产业已成为国民经济的重要组成部分。通过科技创新，中国不仅实现了传统产业的转型升级，也推动了新兴产业的快速发展。科技与经济融合还促进了中国的国际贸易和投资。科技创新提升了中国产品的附加值和竞争力，使中国成为全球重要的贸易伙伴。此外，中国的科技公司通过海外投资和国际合作，将中国的科技实力带到了全球舞台。科技与经济融合还改变了中国的就业结构和劳动力市场。科技创新的应用推动了新职业的出现，如软件开发、数据分析、人工智能等。同时，科技创新也对劳动力市场的技能需求产生了影响，促进了人力资源的再培训和终身学习。

（三）面向未来的 21 世纪科技战略

21 世纪初以来，中国的科技战略已经进入一个全新的阶段，这个阶段的核心是通过科技创新驱动经济和社会的全面现代化。这一战略的实施，着眼于长远发展，旨在将中国建设成为一个全面现代化的国家。

首先，中国政府对科技创新给予前所未有的重视。这种重视体现在对于科技研发投入的大幅增加，以及对创新环境的持续优化上。政府制定了一系列鼓励科技创新的政策，包括税收减免、资金扶持、简化审批程序等，以促进科技成果的转化和商业化。同时，中国积极构建了以企业为主体、市场为导向、产学研深度融合的创新体系，大力发展高新技术产业。

其次，中国在科技发展方向上更加注重前瞻性和战略性。例如，中国大力发展以人工智能、量子信息、生物科技、新能源、新材料等为代表的前沿科技领域，这些领域的发展被视为未来国家竞争力的关键。这种以战略性新兴产业为重点的科技发展路径，不仅有助于中国在全球科技竞争中保持领先地位，也有助于推动经济结构的优化和升级。最后，科技创新在社会发展方面的作用越来越明显。中国政府强调科技创新不仅仅是经济发展的需要，更是社会进步的动力。科技创新被用来解决环境保护、医疗健康、城乡差距等一系列社会问题，提升公民生活质量。在教育、医疗、交通等领域，科技创新的应用正在深刻改变着人们的日常生活。

三、科技现代化驱动中国式现代化建设的内在逻辑

（一）理论逻辑

科学技术在中国式现代化进程中扮演着核心角色，这是对马克思主义中"科学技术是第一生产力"论断的深刻理解和自觉运用。在中国的现代化道路上，社会生产力的高度发展和物质财富的极大丰富是显著特征，而物质文明的建设成为这一进程的重要标志。

科学技术作为现代生产力发展和经济增长的首要因素，在中国式现代化的实践中发挥着决定性作用。这种作用体现在科技的广泛渗透：它不仅深入到现代生产力系统的各类要素中，也贯穿社会生产的各个环节。科技的这种普遍渗透和综合应用，使其成为驱动生产力整体发展的主导力量。

（二）历史逻辑

科技现代化一直是中国几代人民坚持不懈追求的目标和梦想。这一追求始于新中国成立之初，当时国家就发出了"向科学进军"的号召；改革开放带来了"四个现代化"的战略思想，其中强调了"关键是科学技术的现代化"；新世纪的到来见证了中国深入实施科教兴国战略和人才强国战略，昭示着对科技发展的持续重视。

特别是自党的十八大以来，中国提出全面实施创新驱动发展战略，加速推进高水平科技自立自强，以建设世界科技强国为目标，这些都是中国科技事业发展的重要举措。在这一过程中，科技事业始终贯穿中国发展的各个阶段，展现出持续的活力和创新力，成为推动社会进步和经济增长的关键动力。

（三）实践逻辑

在当前世界百年未有之大变局的背景下，选择高水平科技自立自强成为中国式现代化新道路的必然选择。这个时代的变革特征日益凸显，伴随着新一轮科技革命和产业变革的迅猛发展，科学研究的范式也在经历深刻的变革。在这种情形下，科技实力的持续提升成为中国发展的核心奋斗基点，实现高水平科技自立自强是实现现代化目标的关键。

为了确保中国式现代化的稳步推进，不仅需要关注科技的发展，更要致力于实现科技的自立自强。这意味着要深化科技领域的创新，提高研发的自主性，同时确保科技成果能够有效转化为推动社会和经济发展的实际力量。科技自立自强不仅是中国现代化进程的重要支撑，也是引领这一进程的关键动力。

第三节　科技现代化驱动中国式现代化建设的价值向度

一、为人民谋幸福的向度

西方在科技现代化过程中，科技变成了资本的附庸，被用于经济扩张，这导致了科技作为生产力的物化，从而造成了人与自己、人与他人、人与社会、人与自然关系的严重异化。

中国科技现代化的过程则不同。它是在中国共产党的领导下进行的，充分体现了社会主义的本质要求，避开了西方以资本为中心、两极分化和物质主义膨胀的现代化老路。中国的科技现代化始终坚持为中国人民谋幸福、为中华民族谋复兴的目标，推动着全体人民的共同富裕。

中国科技现代化的核心在于坚持以人民为中心的价值取向，强调人民至上的立场。人民的需求和创造是科技现代化的现实动力，实现人的全面发展是其终极目标。这一过程始终关注人民群众在经济、政治、文化、社会、生态文明等方面的需求，积极回应人民的期待，解决实际问题，不断满足人民对美好生活的追求。在当前新一轮科技革命和产业变革的背景下，科学技术不仅是人类社会前进的基本动力，也是精神文明发展的促进力，能够丰富人们的精神文化生活，推动人的全面发展。

中国科技现代化的主要价值取向是推动超大规模人口的共同富裕。这一过程不仅是物质的现代化，更是人的全面发展。在这一过程中，科技现代化积极响应民众对美好生活的期待，着力解决城乡、区域发展的不平衡和不充分问题，确保全体人民实现共同富裕的目标。

高质量发展是全面建设社会主义现代化国家的首要任务。[1]科技现代化还旨在实现物质文明、精神文明和生态文明的协调发展。这意味着，虽然科技发展促进社会生产力、经济增长和物质文明的提升，但同时也需警惕物质主义、拜金主义和享乐主义等思潮对精神文明的侵蚀，以及对自然环境的盲目改造和破坏。这要求"五大文明"同步推进，实现均衡发展。

中国科技现代化的终极目标是造福全人类。与西方某些国家不同，中国的科技发展不仅旨在为中国人民和中华民族谋幸福和复兴，也致力于推动人类进步和世界和谐。中国坚持人类命运共同体的理念，积极融入全球科技创新网络，参与解决全球面临的重大挑战，并努力推动科技成果惠及更广泛的国家和人民，体现了中国科技现代化的全球责任和贡献。

---

[1]　刘玉瑛，赵长芬，王文军：《读懂新征程200关键词》，中国民主法制出版社，2023，第74页。

二、社会进步的向度

（一）教育领域

科技现代化对教育领域的影响和作用是深远的。在数字化和信息化的大潮中，教育体系正在经历一场前所未有的变革。科技不仅改变了教学方法和学习方式，还极大地提升了教育的可访问性和个性化程度。

科技现代化使得远程教育成为可能。过去，教育资源大多集中在城市或发达地区，而现在，互联网和数字技术的发展使得优质教育资源能够跨越地理限制，惠及更广泛的人群。借助网络教育平台，学生无需离开家门，就能接受来自世界各地的顶尖教育资源。这种远程教育模式在疫情防控期间尤为显著，确保了教育的连续性和质量。

教育资源的数字化大大提高了教学和学习的效率。数字图书馆、在线课程和虚拟实验室等资源为学生和教师提供了前所未有的便利。学生可以随时随地通过电子设备访问这些资源，实现自主学习。教师则可以利用各种数字工具来设计更丰富、更互动的教学活动，提高教学质量。

个性化学习体验的提供是科技创新在教育领域的另一大突破。通过数据分析和人工智能技术，教育平台能够根据每个学生的学习进度和兴趣定制个性化的学习计划。这种个性化的方法不仅提高了学习效率，还能激发学生的学习兴趣，为他们提供更适合自己的学习路径。

（二）医疗领域

科技现代化在医疗领域的应用已经引发了一场革命性的变化，科技创新正在改变传统的医疗模式，为病人提供更安全、更有效和更个性化的医疗服务。随着科技的不断进步，未来的医疗服务将更加智能化、精准化，大大提高人们的生活质量和健康水平。

医疗设备的现代化也是科技创新带来的重要改变。先进的医疗设备如MRI、CT扫描和机器人手术系统等，大大提高了诊断和治疗的精确度和安全性。例如，机器人手术系统能够在微创手术中提供极高的精确度，减少术后恢复时间和并发症的风险。此外，可穿戴医疗设备使得持续健康监测成为可能，为慢性病管理和预防提供了新的解决方案。

精准医疗的实现是科技创新在医疗领域的重要成果之一。传统的"一刀切"式治疗方法正在逐渐被基于个体遗传信息的个性化治疗所取代。基因测序技术的发展使得医生能够更准确地了解病人的遗传特征，从而提供更有针对性地治疗方案。例如，癌症治疗领域的靶向药物就是基于患者特定的基因突变来设计的，这大大提高了治疗的效果和成功率。

信息技术在提高医疗服务效率中的应用也不容忽视。电子健康记录的普及使得医疗信息的存储、访问和共享更加便捷，提高了医疗服务的效率和质量。人工智能和大数据技术在医疗诊断、治疗方案推荐和疾病预防中发挥着越来越重要的作用。这些技术不仅可以协助医生做出更准确的诊断，还能预测疾病的发展趋势，为早期干预提供可能。

（三）公共服务领域

在公共服务领域，科技现代化已经成为提升服务效率和质量的重要驱动力。这一趋势体现在智慧城市建设、公共安全技术的提升，以及信息技术在改进政府服务中的广泛应用上。

智慧城市的构建是科技现代化在公共服务领域的显著表现。智慧城市利用先进的信息通信技术，集成城市运行的各种信息资源，实现城市管理和服务的智能化。这包括交通管理系统的优化、能源使用的高效管理、公共安全的实时监控等。例如，智能交通系统能够根据实时交通流量调整信号灯，减少交通拥堵；智能电网可以优化能源分配，提高能源使用效率。

公共安全领域的技术提升也是科技现代化重要成果之一。借助先进的监控系统、大数据分析和人工智能技术，公共安全工作变得更加高效和精准。例如，通过面部识别技术和视频监控系统的结合，可以迅速识别和跟踪可疑人员，有效预防和打击犯罪活动。此外，应急响应系统的智能化也显著提升了对自然灾害和公共危机的应对能力。

信息技术在提升政府服务效率和质量中也发挥着关键作用。电子政务平台使得政府服务更加透明、高效和便民。公民可以通过在线平台办理各类政务事项，大大节省了时间和成本。此外，政府利用大数据分析，可以更准确地把握公民需求，制定更符合民意的政策和服务。例如，通过分析社交媒体和公众反馈，政府能够及时了解并回应公民对某项政策或服务的看法和建议。

三、可持续发展向度

（一）促进经济结构优化的科技应用

科技现代化对经济结构的优化和转型起到了关键作用，通过推动新能源技术的发展、工业自动化和数字化的推进以及促进经济多元化，对经济结构的优化和转型起到了决定性作用。这些变革不仅提升了生产效率和经济竞争力，还有助于实现更加可持续的经济增长。

新能源技术的发展是经济结构优化的重要方面。随着全球能源需求的增长和环境保护压力的升高，新能源技术成为推动可持续经济发展的关键。包括太阳能、风能、生物质能等可再生能源技术的研发和应用，不仅有助于减少对化石燃料的依赖，还能减少温室气体排放，推动环境的可持续发展。随着新能源技术的成本下降和效率提升，它们在全球能源结构中的比重不断增加，为经济提供了新的增长点。

工业自动化和数字化的推进是经济结构优化的另一关键领域。通过引入先进的自动化设备和信息技术，工业生产过程变得更加高效、灵活和智能。这不仅提高了生产效率，降低了生产成本，还能实现更加精准和个性化的生产。数字化转型还涉及工业互联网的建设，这使得工业生产可以更好地与市场需求、供应链管理和客户服务等环节相互协调，进一步提高经济效率。

科技在促进经济多元化中发挥了重要作用。科技创新不仅推动了传统产业的升级，还催生了一系列新兴产业，如电子商务、新材料、生物技术等。这些新兴产业不仅为经济增长提供了新的动力，也使经济结构更加多元化。随着科技的进步，新兴产业将继续扩展和深化，进一步推动经济的高质量发展。

（二）科技在环境保护中的作用

科技的进步不仅有助于提高能源效率和资源利用率，也为环境保护提供了切实可行的解决方案。通过持续的技术创新和应用，科技现代化正成为推动可持续发展的关键力量。

科技在环境保护中扮演着至关重要的角色，清洁能源技术，如太阳能、风能、水能和地热能等，正在逐渐替代传统的化石燃料，减少对环境的破坏。这些技术的应用不仅有助于降低温室气体排放，还能保护自然生态系统，从而对抗全球气候变化。例如，太阳能电池板和风力发电的广泛应用，使得可再生能源变得更加普及和经济。

废物管理和回收技术的创新也在环境保护方面起到了重要作用。先进的垃圾分类和回收技术可以有效减少废物量，降低对环境的负担。同时，生物降解技术和高效能源回收系统也在逐步推广，这不仅提高了资源的循环利用率，还减少了对生态环境的影响。

科技在监测和减少环境污染方面也显示了强大的潜力。例如，通过卫星遥感技术和地理信息系统（GIS），科学家们能够实时监测全球或特定区域的环境状况，及时发现污染源和生态变化。此外，各种传感器和智能监控设备的应用使得污染监测更加精准和高效。

（三）科技对社会可持续发展的贡献

科技从多方面推动社会可持续发展。它不仅在经济增长和环境保护方面起到了重要作用，也在促进社会包容性发展、提高公共福祉和减少社会不平等以及提升生活质量方面发挥了不可替代的作用。

促进社会包容性发展的科技应用为偏远地区和弱势群体提供了更多机会。例如，通过远程教育和数字医疗服务，偏远地区的居民可以享受到与城市相同水平的教育和医疗服务。这种技术应用有助于缩小城乡之间、不同社会群体之间的差距，实现更加平等和全面的社会发展。

科技现代化在提高公共福祉和减少社会不平等方面发挥了重要作用。智能化的社会服务系统，如智慧社区和在线政务服务，提高了政府服务的效率和质量，使得民众能够更加方便快捷地获取政府提供的各种服务。此外，大数据和人工智能技术的应用也在助力公共决策的精准性，有助于更好地识别和解决社会问题，减少资源浪费和社会不公。

科技现代化对提升生活质量的贡献不容忽视。随着科技的发展，我们的日常生活变得更加便捷和舒适。从智能家居到在线购物，从移动支付到共享经济，科技创新为人们提供了更多选择和便利，极大地提升了生活的质量和效率。同时，科技创新也推动了健康和休闲产业的发展，为人们提供了更多保持健康和享受生活的方式。

第四节　科技现代化驱动中国式现代化建设的实践路径

科技作为国家发展和现代化的核心要素，扮演着至关重要的角色。在中国式现代化的过程中，科技创新成为推动国家强盛、企业竞争力提升和人民生活质量改善的关键。为了强化科技现代化对中国式现代化的战略支持，需要系统地弥补短板、增强弱项、巩固基础并突出优势，通过在科技创新、人才培养和机制完善等方面持续发力，努力实现高水平的科技自主创新能力。首先，重视科技创新作为国家发展的首要动力。科技创新不仅是国家力量的体现，也是民族进步的核心。必须将科技创新置于国家发展战略的中心位置，确保其在推动中国式现代化进程中的核心引擎作用得到充分发挥。其次，重视人才作为科技发展的关键资源。创新人才是科技现代化的最活跃因素，实现高水平科技自立自强的根本在于培养和吸引高水平创新人才。在全面尊重人才发展规律的基础上，通过引进和自主培养相结合的策略，培育出一批具有国际视野和创新能力的科技领军人才，为中国式现代化提供坚实的人才和智力支撑。最后，聚焦于解决"卡脖子"问题，建立健全关键核心技术攻关的新型举国体制。关键核心技术是国家科技自主创新的重点领域，需要通过整合政府、市场和社会多元力量，以新型举国体制协同攻关，实现关键技术的突破。这不仅体现了党的领导、中国特色社会主义制度的优势，也展示了市场机制的高效运用，形成了攻克关键核心技术难题的强大合力。

一、 打造科技与产业协同发展

（一）工业升级的科技驱动

在中国式现代化建设的背景下，科技驱动的工业升级体现在多个关键方面。它不仅在技术层面上实现了革新，还在产业结构、生产方式和企业竞争力等多个层面产生了深远的影响。这些变化为中国式现代化建设提供了坚实的科技支撑，也为中国在全球产业链中的地位提升提供了强有力的保障。

科技进步极大地促进了工业自动化和智能化的发展。在制造业领域，先进的自动化技术和智能制造系统的应用，极大提高了生产效率和产品质量，同时降低了劳动强度和生产成本。例如，工业机器人、数字化生产线和工业物联网的应用，已成为现代化工业体系的核心组成部分。这些技术的广泛应用不仅改变了生产方式，也为企业创造了新的增长点。

科技创新促进了高新技术产业的发展。在中国的现代化进程中，高新技术产业如电子信息、生物技术、新材料等领域得到了快速发展。这些产业的发展不仅推动了产业结构的优化，还为经济发展注入了新的活力。高新技术产业成为推动经济增长的新引擎，同时也是实现产业转型升级的关键。

科技在推动传统工业转型升级中发挥着重要作用。通过引入新技术和改进生产工艺，许多传统工业得以实现节能减排、降低资源消耗和提升生产效率。例如，在钢铁、化工等行业中，通过应用新的材料和工艺，实现了更加环保和高效的生产。这不仅提高了这些行业的国际竞争力，也符合可持续发展的要求。

（二）农业现代化的技术革新

科技革新在中国的农业现代化进程中发挥了关键作用。这些革新不仅提高了农业生产的效率和质量，还促进了农业产业结构的优化，为中国的农业可持续发展提供了有力支撑。

精准农业技术的应用是农业现代化的重要表现。通过使用卫星定位系统（GPS）、地理信息系统（GIS）以及远程传感技术，精准农业使农民更有效地管理土地和资源。例如，通过分析土壤和气候数据，可以更精确地确定作物种植的最佳时机和地点，以及最适合的种植方式。此外，无人机和智能农机在播种、施肥、灌溉和收割过程中的应用，大幅提高了农业作业的自动化水平，减小了劳动强度，同时提高了农作物产量和品质。

生物技术在农业现代化中起着至关重要的作用。通过基因编辑和转基因技术，科学家能够培育出抗旱、抗病、高产的作物品种。这些技术的应用不仅提高了作物的抗逆性，也提高了农作物的营养价值和市场竞争力。例如，转基因水稻和耐盐碱作物的研发，使得中国的农业生产更加适应复杂多变的气候和环境条件。

农业信息化也是农业现代化的重要组成部分。通过建立农业信息平台，农民可以获得关于市场动态、天气预报、农业技术等实时信息。这些信息对于农民做出更加科学合理的农业生产决策至关重要。同时，农业电子商务的发展也为农产品的销售提供了新的渠道，促进了农业产业链的现代化。

（三）服务业创新与科技融合

科技与服务业的深度融合已经成为推动中国式现代化建设的关键因素之一。不仅在金融科技、电子商务、医疗健康等领域催生了诸多创新应用，也大幅提升了服务业的整体效率和质量，为经济的持续发展注入新的动力，促进了中国服务业的转型升级，也为中国式现代化建设提供了强大的动力和宽广的发展空间。

在金融科技领域，科技的应用已经改变了传统金融服务的模式。例如，大数据和人工智能技术在信贷决策、风险管理和客户服务中的应用，使金融机构能够提供更快速、更准确、更个性化的服务。区块链技术的引入，为金融交易提供了更高的安全性和透明度。此外，移动支付和互联网银行的兴起极大地提高了金融服务的可及性和便利性，为广大用户尤其是农村地区的用户提供了更加便捷的金融服务。

在电子商务领域，科技的创新应用不断推动着行业的快速发展。互联网技术、移动应用程序和社交媒体的广泛应用，极大地扩展了电子商务的市场规模和用户群体。通过大数据分析，电商平台能够更好地理解消费者需求，提供个性化的购物推荐。此外，物流自动化和智能仓储系统的引入，极大地提高了物流配送的效率和准确性，缩短了商品从仓库到消费者手中的时间。

在医疗健康领域，科技的创新应用对提升医疗服务水平和健康管理效率具有重要意义。远程医疗技术的发展，使得患者可以在不出家门接受专业医生的诊疗服务。医疗大数据的应用，有助于医疗机构更准确地进行疾病预测和治疗方案的制定。智能穿戴设备和健康管理应用程序的普及，为公众提供了更加方便、实时的健康监测和管理工具。

二、持续构建科技创新体系

（一）科技创新政策的顶层设计

在中国式现代化建设的过程中，科技创新政策的顶层设计发挥了核心作用。国家层面的科技创新政策不仅为科研活动提供了明确的方向和框架，而且通过一系列激励机制和支持策略，激发了科技创新的活力和潜能，既推动了科技领域的重大进步，也为经济和社会的全面现代化提供了强大支持。

政策导向方面，中国的科技创新政策强调解决国家重大战略需求和长远发展目标。例如，针对能源、环境、健康、信息技术等领域的挑战，政策倾向于支持相关的基础研究和应用研究。同时，这些政策也强调创新驱动发展，鼓励企业和研究机构进行创新性研究和原创技术开发。

激励机制方面，中国实施了一系列措施来促进科技创新。这包括提供研发资金的直接资助、税收减免、科技成果转化奖励等。例如，国家通过设立科技重大专项和创新基金，为具有战略意义的科技项目提供资金支持。此外，科研人员和创新团队的成果转化被赋予适当的经济和荣誉激励，以增强其研发动力。

研发项目支持策略方面，中国政府通过建立多层次的项目支持体系来确保科技创新的连续性和深度。这包括国家自然科学基金、重点研发计划等，它们旨在支持基础研究、应用研究以及产学研结合的项目。政府还通过设立科技企业孵化器、高新技术产业开发区等平台，为科技创新提供良好的环境和条件。

（二）科技研发资金的配置与管理

在中国式现代化建设的实践路径中，科技研发资金的配置与管理是关键组成部分，对于推动科技创新具有重要意义。科技研发资金的合理配置和高效管理，是确保科技创新活动顺利进行和实现预期目标的重要保障。

1. 政府和企业在科技研发中的资金投入主要来源于国家财政拨款、企业内部研发资金以及其他社会资金。政府资金主要用于支持基础研究、关键技术攻关和科技成果转化，而企业的研发投入更多地集中在应用研究和产品开发上。这种多元化的资金来源确保了科技创新活动的多样性和连续性。

2. 科技研发资金的分配方式注重效率和公平。政府通过竞争性拨款、项目申报、专家评审等方式，确保资金分配的科学性和透明性。同时，也鼓励企业根据自身的发展需求和市场前景，自主决定研发投入的方向和规模。这种分配方式有利于激发科研机构和企业的创新活力，促进科技成果的产生和转化。

3.科技研发资金的效率和效果评估是科技创新管理的重要环节。政府和企业通过设立专门的监督和评估机制，对研发项目的进展、成果和投入产出比进行定期评估。这不仅有助于及时调整和优化研发项目，还能确保研发资金的有效利用和科技创新成果的最大化。

（三）人才培养和引进策略

人才培养和引进策略在中国科技创新体系中占据重要地位。这些策略的核心目的在于培育和吸引高水平科技创新人才，为科技创新提供强大的人力支持。

人才培养的重要环节是教育体制的优化。中国在不断改革和完善教育体系，特别是高等教育体系，以适应科技创新的需求。这包括加强理工科教育、改进研究生教育、推动产学研结合等方面的措施。高等教育机构被鼓励与企业和研究机构合作，开展科研项目和技术开发，旨在提高学生的实践能力和创新思维。

人才激励机制是吸引和保持人才的关键。中国通过提供竞争性薪酬、职业发展机会、科研资金支持等方式，激励科研人员投身科技创新工作。此外，政府还出台了一系列政策，如税收优惠、住房补贴等，以吸引更多优秀人才加入科技领域。

国际人才交流与合作对于构建科技创新体系至关重要。中国积极推动国际学术交流和合作研究，鼓励国内科研人员与国际同行合作交流，同时吸引外国高层次科技人才来华工作和研究。这些措施不仅丰富了国内科技人才队伍，还有助于中国科技领域的国际化和全球视野的扩展。

三、科技成果转化与产业应用

（一）打造科技成果转化机制

科技成果转化机制的打造确保了科学研究的成果能够高效地转化为实际应用，从而推动经济和社会发展。通过高效的技术转移、严格的知识产权保护和有效的商业化策略，中国已将众多科技创新成功转化为推动经济增长和社会进步的实际力量。

技术转移是科技成果转化的核心环节。中国建立了一系列的技术转移机构和平台，如科技园区、创新孵化中心、大学科技园等，这些机构提供了从科研到市场的无缝对接。通过这些平台，科研成果可以迅速与产业界进行对接，促进了科技成果的应用和推广。此外，政府还鼓励和支持企业与科研机构之间的合作，以利用企业的资源和市场渠道，加速技术转移过程。

知识产权保护是确保科技成果转化成功的关键因素。中国在加强知识产权保护方面做了大量工作，如改善知识产权法律体系、加大执法力度、提升公众知识产权保护意识等。这些措施保障了创新者的合法权益，激励了更多的科研人员和企业投身于科技创新活动。

商业化策略对科技成果的市场化至关重要。中国政府通过提供资金支持、税收优惠和政策指导等方式，帮助科技成果转化为商业产品和服务。这包括支持创业投资、鼓励企业研发和创新、建立科技金融服务体系等措施。这些政策不仅促进了科技成果的商业化，也推动了相关产业的发展和升级。

（二）传统产业的升级改造

中国的传统产业，在科技现代化的驱动下，正经历着一场深刻的升级改造。这一过程的核心在于应用智能设备制造、自动化和信息化技术以提升整个产业的竞争力和效率。通过科技创新的应用，中国的传统产业正在逐步向更加智能化、自动化和信息化的方向发展，这对于推动中国式现代化建设具有重要的实践意义。

智能制造作为工业4.0的核心组成部分，已成为中国传统产业升级的关键。通过集成物联网、大数据、云计算等现代信息技术，智能制造能够实现生产过程的自动化、数字化和智能化。例如，在汽车制造业，通过引入智能机器人和自动化生产线，不仅提高了生产效率和产品质量，还降低了劳动强度和生产成本。此外，智能制造还能够实现个性化定制和灵活生产，满足市场多元化需求。

自动化技术的应用是传统产业转型的另一个关键。自动化技术可以替代一些重复性和危险性工作，提高生产效率和安全性。在矿业、化工等传统行业，自动化技术的应用显著提高了工作环境的安全性和生产过程的稳定性。自动化技术的应用也带来了生产成本的降低和产品质量的提升。

信息化技术在传统产业升级中扮演了重要角色。通过建立信息化管理系统，企业能够实现生产过程的透明化和数据化，从而优化生产计划和供应链管理。例如，通过实施企业资源规划（ERP）系统和供应链管理（SCM）系统，企业能够更有效地管理库存、优化生产计划，提升整体运营效率。信息化技术还促进了企业之间的协同工作和资源共享，提高了产业链的整体效率。

（三）新兴产业的培育与发展

科技创新在新兴产业的培育与发展中起到了推动器的作用，特别是在高新技术产业、绿色能源和数字经济等领域。这不仅为中国经济的转型升级提供了动力，也为全球经济的发展贡献了中国方案。通过持续的科技创新和产业应用，中国正在稳步推进其现代化建设进程，并在全球经济中占据更加重要的地位。

高新技术产业是中国科技成果转化的重要领域之一。近年来，中国在生物技术、新材料、信息技术等高新技术产业取得了显著成就。例如，在生物医药领域，中国通过加强基础研究和技术创新，推出了一系列创新药物和治疗方法。在新材料领域，通过材料科学的突破，中国已能生产出更轻、更强、更环保的材料，广泛应用于航空、汽车和建筑等行业。

中国实现可持续发展战略的关键环节是绿色能源产业的发展。随着全球对环境保护和可持续发展的重视，绿色能源成为中国科技创新的重点领域。中国在太阳能、风能和水能等可再生能源技术方面取得了显著进展。例如，太阳能光伏技术的研发和应用使中国成为全球最大的太阳能光伏板生产和安装国。此外，风能技术的创新也带动了风力发电产业的快速发展，为中国的能源结构优化和减少碳排放作出了重要贡献。

中国科技成果转化的另一亮点是数字经济的崛起。随着互联网、大数据和人工智能等技术的发展，数字经济已成为推动经济增长的新引擎。中国的电子商务、在线教育、智能制造等行业迅速发展，不仅改变了传统商业和生产模式，也为社会提供了更多便利和效率。例如，通过电子商务平台，中国的消费者和小微企业能够更方便地参与全球市场，同时这也促进了物流、支付系统等相关产业的发展。

四、加强国际科技合作与交流

（一）增强国际科技合作框架设计

中国在国际科技合作与交流方面所展现的积极姿态和策略，对于推动科技现代化具有重要意义。作为全球科技发展的重要参与者，中国已经成为多个国际科技合作项目和框架的关键成员，为全球科技进步贡献力量。

中国在多边科技合作协议方面扮演着越来越重要的角色。通过参与联合国教科文组织、世界卫生组织等国际组织的科技项目，中国推动了科技在全球公共卫生、环境保护和教育领域的应用。这些合作不仅为全球科技发展贡献了中国的智慧和资源，也加深了中国与其他国家在科技领域的相互理解和信任。

区域科技伙伴关系在中国的国际科技合作中占据重要位置。例如，中国积极参与"一带一路"倡议下的科技合作项目，与沿线国家在基础设施建设、能源开发、生物多样性保护等领域开展了深入合作。此外，中国与欧盟、东盟等地区组织在科研合作、技术转移、创新政策对话等方面建立了稳固的合作关系，为推动区域科技发展和经济增长提供了强有力的支撑。中国还通过多种渠道和机制加强与发达国家和发展中国家的科技交流与合作。例如，与美国、德国等科技先进国家在高新技术研究、科学家交流、联合实验室建设等方面开展了广泛合作。同时，中国还向非洲、拉丁美洲等发展中国家提供科技援助和技术转移，帮助这些国家提升科技能力和应对本国发展挑战。

通过这些国际科技合作项目和框架，中国不仅推动了自身的科技创新和发展，也为全球科技进步和国际社会的共同发展做出了贡献。这些合作促进了科技领域的国际交流与合作，加强了中国在全球科技舞台上的影响力，同时也为中国式现代化建设提供了重要的外部支撑和学习机会。

（二）积极开展国际科技交流与学术合作

中国在国际科技交流和学术合作领域的活跃表现，体现了科技现代化进程中对外开放和合作的重要性。通过积极开展国际科技交流与学术合作，中国不仅推动了本国科技的进步，也为全球科技发展作出了重要贡献，这是中国式现代化建设不可或缺的一部分。

1. 中国在学术交流方面发挥着重要作用。这包括与全球各地的高校、研究机构建立合作关系，共同开展科研项目，分享研究成果和经验。例如，中国的许多大学和研究机构与国际知名大学建立了合作关系，开展联合研究项目，推动科学知识和技术的互惠互利交流。此外，中国学者频繁参与国际学术会议，与全球科研同行交流思想和研究成果，增强了中国在国际学术界的声誉和影响力。

2. 联合研究项目在中国的国际科技合作中扮演着核心角色。这些项目往往涉及前沿科学和关键技术领域，如生物技术、气候变化、可持续能源等。通过这些项目，中国科学家与国际同行共同解决全球性的科学问题，实现了知识和技术的共享，推动了科学研究的深入和创新。同时，这些合作项目还带来了技术转移和技术共同开发的机会，促进了中国科技的发展和国际化。

3. 国际科技会议是中国科技交流的重要平台。中国不仅是许多重要国际科技会议的参与者，而且也成为这些会议的主办方。通过组织或参与这些会议，中国为全球科技界提供了一个交流思想、分享最新研究成果和探讨未来科技趋势的重要场所。这些活动不仅提高了中国在国际科技界的可见度和影响力，也为中国科研人员提供了学习和交流的平台，从而促进了中国科技的进一步发展和创新。

（三）增强中国科技全球影响力

通过加强国际科技合作与交流，中国在全球科技领域的影响力日益增强，这得益于其在国际科技治理、推广科技成果和技术标准方面的积极参与和贡献。这不仅有助于提升中国科技的全球地位，也促进了全球科技的发展和进步，为中国式现代化建设提供了稳定的国际环境和资源支持。

中国在国际科技治理中扮演着越来越重要的角色。作为全球科技大国之一，中国参与了多个重要的国际科技组织和论坛，如联合国教科文组织、世界知识产权组织等。在这些平台上，中国积极倡导公平合理的国际科技规则，推动全球科技合作和治理体系的建设。中国还参与了多项国际科技合作项目，如国际空间站项目、全球环境监测等，这些项目不仅展示了中国科技的实力，也提升了中国在国际科技治理中的话语权。

中国努力推广本国的科技成果和技术标准。随着中国科技实力的增强，中国研发出的多项创新技术和产品在全球市场上获得了广泛应用。例如，中国的高速铁路技术、移动支付、电子商务等成为全球标杆。中国还积极参与国际技术标准制定，例如在 5G 通信技术、人工智能等领域，中国的技术标准逐渐被国际市场接受。这不仅提升了中国科技的国际影响力，也为全球科技发展作出了贡献。

中国科技的全球影响力还体现在其对发展中国家的科技支持上。中国通过援助项目、技术转移和人才培养等方式，帮助这些国家提升科技能力，解决发展中的实际问题。例如，中国在非洲、东南亚等地区开展了一系列科技合作项目，包括基础设施建设、农业技术改进和公共卫生服务。这些合作不仅带动了相关国家的科技进步，也展现了中国在全球科技领域的责任和影响力。

第四章　科学技术发展助力
经济建设现代化

第一节　技术发展助推供给侧结构性改革

一、供给侧结构性改革核心和目标

（一）供给侧结构性改革的核心

供给侧结构性改革的核心为深化改革解放生产力，提升经济增长的质量和数量，其中起基础作用的是产能优化与过剩产能削减，其旨在通过合理配置资源，淘汰落后产能，推动产业升级，以及借助技术创新提升生产效率和环保水平，从而推动经济结构的优化和可持续发展。

在当前的经济环境下，过剩产能成为众多行业，特别是传统重工业领域的一个普遍问题。过剩产能的存在不仅浪费了资源，也导致了市场的失衡，压低了产品价格，从而影响企业的盈利能力和行业的健康发展。削减过剩产能首先需要准确识别哪些产能是过剩的。这通常涉及对行业发展趋势的深入分析，包括市场需求、技术进步、环境保护要求等多个方面。一旦确定了需要削减的产能，政府和相关部门通常会采取措施，如提供财政补贴或税收优惠，鼓励企业淘汰落后产能。此外，引导企业通过技术革新提升现有产能的效率和环保水平，也是过剩产能削减的重要方面。

供给侧改革强调通过优化资源配置来提高整体经济效率，提升经济增长的质量和数量。这包括鼓励资本和劳动力从低效率的领域向高效率、高附加值的产业转移。例如，支持服务业和高新技术产业的发展，不仅可以吸纳由于重工业产能削减而释放出的劳动力，还能推动经济结构的转型升级。在此过程中，技术发展起到了关键作用。同时，技术创新能够提高生产效率，降低成本，同时减少环境污染。例如，通过引入智能制造和自动化技术，企业可以在减少资源消耗的同时，提高产品质量和生产效率。此外，环保技术的应用有助于减少工业生产对环境的影响，这对于实现绿色发展至关重要。

供给侧结构性改革的核心在于培育新的实体经济形态和动力机制，这与简单的产业升级或优化有着本质的区别。这要求中国的经济发展模式不仅要适应当前的国际市场和技术环境，而且要能预见并适应未来的发展趋势。在这一过程中，新技术的应用和推广起到了至关重要的作用。例如，智能制造和工业互联网的应用，不仅能显著提高生产效率和产品质量，还能使中国的制造业更加灵活地适应市场需求的变化，提高其在国际市场上的竞争力。

（二）供给侧结构性改革的目标

1. 提升产品和服务的质量

供给侧结构性改革的主要目标之一是提升产品和服务的质量，这不仅是满足国内市场需求的关键，也是提高国际竞争力的重要途径。在全球化的经济环境中，产品和服务质量成为决定一个国家或地区产业的核心竞争力。因此，通过供给侧改革提高质量，对于经济的长期发展至关重要。

提高产品和服务质量的核心在于创新。这包括技术创新、管理创新以及服务创新。技术创新能够直接提升产品性能，改善产品设计，增加产品的附加值。例如，通过引入先进的制造技术，可以制造出更为精密和耐用的产品。管理创新，如采用精益生产和质量管理体系，能够有效提高生产效率，降低成本，同时确保产品质量的一致性。服务创新，特别是在服务型行业，比如金融、教育和医疗服务，可以提升客户体验，增强服务的个性化和差异化，从而提升整体服务质量。

供给侧改革强调通过质量提升促进产品和服务的升级。这意味着不仅仅是提高现有产品和服务的质量，更包括开发新的产品和服务，以满足市场的多样化需求。在这个过程中，企业需要对市场趋势和消费者需求进行深入分析，不断调整和优化产品线，确保产品和服务能够满足市场的实际需要。例如，随着消费者对健康和环保意识的提高，生态友好型产品和服务变得越来越受欢迎，这就要求企业在生产过程中更加注重环保和可持续性。

提高产品和服务质量还需要一个健全的质量监管体系。这包括国家层面的标准制定、质量监督检验以及市场准入机制。一个有效的质量监管体系不仅可以保护消费者的权益，还能促进公平竞争，推动整个行业的质量提升。例如，实施严格的产品质量认证制度，可以确保市场上销售的产品达到一定的质量标准，从而提高消费者对国内产品的信任度。

2. 实现经济结构的根本转型和升级

在当前的经济发展背景下，实现经济结构的根本转型和升级，技术创新和技术升级显得尤为重要。它们不仅是推动供给侧结构性改革的关键动力，而且在提升产业效率和加强全球竞争力方面发挥着核心作用。在这一过程中，供给侧改革不单单注重生产要素的优化配置，更加重视技术创新在激发经济内生增长动力方面的作用，以促进经济结构的深刻变革。

技术创新的重要性体现在其对新产业发展方向的引领作用以及对既有产业转型的推动力。随着人工智能、大数据、云计算、物联网等前沿科技的不断发展，这些新兴技术正在成为各行各业发展的新动力源泉。采纳这些技术的企业，在生产效率、产品质量和成本控制等方面能实现显著提升。以智能制造为例，其应用不仅大幅提升了生产效率和灵活性，还有效减少了人力成本，保证了产品质量的统一性。

在供给侧改革中，技术升级对优化和更新传统产业同样至关重要。传统产业，如制造业和农业，通常面临着效率低下和环境污染等挑战。引入新技术，例如自动化设备和智能监控系统，可以大幅提升这些传统产业的生产效率，同时减少资源和能源的消耗，降低对环境的影响。这种技术升级不仅使传统产业在更高的水平上重塑竞争力，也为经济结构转型和升级提供了必要的支撑。

技术创新不仅局限于直接应用于生产过程，它还能促进新业态和新模式的产生，从而满足多样化的市场需求，并推动产业结构的优化升级。例如，分享经济和平台经济等新型商业模式的兴起，既是技术创新在经济领域中的具体表现，也为消费者提供了更多样的选择，给经济发展带来了新的动能。

技术创新还紧密关联着企业的研发能力和创新文化。一个充满创新精神的企业文化，能够鼓励企业不断探索新技术和新方法，使其在市场竞争中脱颖而出。政府在这个过程中扮演着至关重要的角色，通过提供研发资金支持、税收优惠和知识产权保护等政策措施，激励企业开展技术创新，推动整个产业的升级和转型。

3. 直面新一轮产业革命

在当今全球化和技术迅猛发展的背景下，中国的供给侧结构性改革面临着独特的挑战和机遇。这一改革不仅仅是对现有产业体系的简单调整，而是必须紧跟全球经济新态势以及新技术革命的步伐，尤其是智能制造、工业互联网和大数据等领域的迅速发展。这种改革的深层含义在于，不是仅仅通过淘汰低端产品和发展高端产品来实现产业升级，而是需要对整个实体经济体系进行根本性的革新，以适应全球发展的要求和技术进步的趋势。

供给侧结构性改革旨在调整经济结构，使要素实现最优配置，通过产能优化、降低成本、增强供给等方式提升经济增长的质量和数量。为了便于读者理解这一问题，请参考图 4-1。

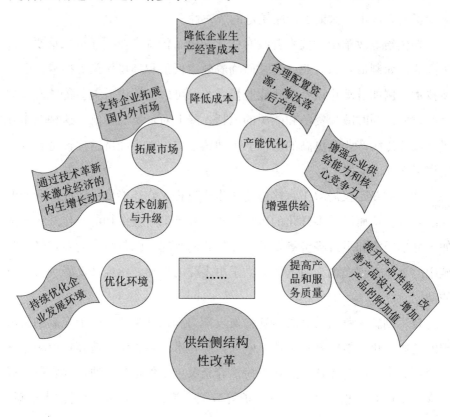

图 4-1　供给侧结构性改革

二、技术创新在供给侧结构性改革中的角色

（一）促进产业升级与转型

在供给侧结构性改革的背景下，技术创新对于推动传统产业的升级与转型起到了关键的作用。技术创新不仅能够帮助传统产业实现升级和转型，还能够增强其在全球市场中的竞争力。传统产业，尤其是那些长期依赖于劳动密集型和资源消耗型模式的产业，面临着重大的挑战。这些挑战包括但不限于环境压力、日益增长的劳动力成本以及国际市场竞争的

加剧。在这种背景下，技术创新不仅是一种选择，更是一种必要的转型路径。

技术创新在促进产业升级与转型中的作用主要体现在三个方面：引入新技术、改进生产流程、提高产品质量。首先，引入新技术意味着采用先进的机械设备、软件和工艺流程，以取代传统的、效率较低的生产方式。例如，智能制造和自动化技术的应用不仅可以提高生产效率，还可以减少人力成本和错误率，从而提高整体产业的竞争力。此外，先进的环保技术也可以帮助企业减少污染物排放，实现更加可持续的生产方式。

其次，改进生产流程是技术创新的另一个重要方面。通过优化生产流程，企业可以更有效地利用资源，减少浪费，提高生产过程的灵活性和适应性。例如，采用精益生产方法，可以帮助企业减少不必要的库存，提高对市场变化的响应速度。此外，信息技术的应用，如企业资源规划（ERP）系统，可以帮助企业更好地管理供应链，提高运营效率。

最后，提高产品质量是技术创新不可忽视的一环。在全球化的市场中，产品质量成为企业竞争力的关键指标。通过采用高质量的原材料、先进的生产技术和严格的质量控制流程，企业可以生产出更符合市场需求和国际标准的产品。这不仅有助于提升品牌形象，也可以打开新的市场，增加产品的附加值。

（二）提高资源使用效率与环境保护

随着全球对可持续发展关注的日益增加，技术创新成为促进经济增长与环境保护双赢的关键途径。在这一过程中，技术创新不仅关注于提高能源和原材料的使用效率，也涉及开发更环保的生产方法和产品，从而实现经济发展的可持续性。

1. 提高资源使用效率是技术创新的一个重要方面。在传统的生产过程中，大量的能源和原材料被消耗，而且效率往往不高。技术创新，特别是在自动化、信息化和智能化方面的进步，能够显著提升资源的使用效率。例如，通过采用先进的能源管理系统和智能化生产设备，企业可以更精确地控制能源使用，减少能源浪费。此外，通过利用物联网技术监控生产过程，企业可以实时调整生产操作，以减少原材料的浪费。

2. 环境保护是技术创新的另一重要目标。随着环境污染和气候变化问题的日益严重，开发和应用更环保的生产技术变得尤为重要。例如，清洁能源技术的应用，如太阳能和风能，不仅减少了对化石燃料的依赖，也大幅降低了生产过程中的碳排放。这些清洁能源技术的实际应用对于减少传统化石燃料的依赖、降低温室气体排放以及促进环境保护具有重大意义。

（1）太阳能技术是目前发展最快的清洁能源之一。随着光伏材料效率的不断提升和成本的下降，太阳能发电已经成为许多国家可再生能源战略的重要组成部分。技术创新，如高效率太阳能电池和光伏集成建筑材料的开发，正在使太阳能发电更加经济和普及。此外，太阳能技术的应用也在不断拓展，从传统的电力生产到热能供应和农业应用，太阳能正在成为多领域可持续发展的重要推动力。

（2）风能作为另一种重要的清洁能源，其技术发展也在加速。风能技术的创新主要集中在提高风力发电机的效率和可靠性上。例如，通过设计更大更高效的涡轮机叶片，以及改进风力发电机的控制系统，可以在更广泛的地理区域和风速条件下发电。此外，海上风能的开发也是近年来的重要趋势，它利用海上更稳定的风力资源，为风能发电提供了新的潜力。

（3）生物能技术则是利用有机物质（生物质）进行能源生产的技术。随着生物质能源转换技术的进步，如生物质燃烧、气化和厌氧消化等，生物能的应用范围正在扩大。这些技术不仅可以产生电力和热能，还能生成生物燃料，如生物柴油和生物乙醇，为交通运输领域提供清洁的能源替代。

清洁能源技术的发展和应用对于实现环境的可持续性具有重要意义。这些技术能够显著减少对化石燃料的依赖，降低二氧化碳等温室气体的排放，减轻对环境的影响。清洁能源的推广还能促进能源供应的多样化和安全性，减少能源价格波动对经济的影响。清洁能源技术的推广和普及需要政府和企业的共同努力，通过政策支持、研发投资和市场激励等措施，加速清洁能源技术的创新和应用。此外，循环经济的理念也在不断推动技术创新，促使企业在生产过程中更多地采用可回收和可再利用的材料，减少废物的产生。

3. 技术创新在推动可持续发展方面的作用不容小觑。通过开发和应用新技术，不仅可以提高生产效率和经济效益，还可以减少对环境的负面影响。这种以技术创新为核心的发展模式，不仅有助于实现绿色增长，也是实现社会和环境目标的关键途径。

在实施供给侧结构性改革的过程中，技术创新需要得到相应的政策支持和市场激励。政府可以通过制定相关政策，如提供研发补贴、税收优惠和环保标准，来鼓励企业进行技术创新。同时，市场机制也应该发挥作用，通过建立绿色认证和生态标签等方式，鼓励消费者选择更环保的产品和服务。

（三）促进经济增长方式的转变

经济增长方式的转变涉及从传统的资源消耗驱动模式，向更加依赖知识和技术创新的驱动模式的转变。这一过程不仅是经济结构调整的必然要求，也是应对全球环境变化和市场竞争加剧的关键策略。

在过去的几十年里，许多国家的经济增长主要依赖于大规模的资源消耗和廉价劳动力。这种增长模式虽然在一定时期内推动了经济的快速发展，但也带来了一系列问题，如资源枯竭、环境污染和经济发展的不可持续性。因此，转变经济增长方式，寻找一种更加可持续和高效的增长路径，成为当今世界的重要议题。

技术创新可以通过多种方式促进经济增长方式的转变。首先，技术创新可以提高生产效率和资源利用率。通过引入先进的生产技术和管理方法，企业可以用更少的资源生产出更多的产品，从而减少对自然资源的依赖和对环境的影响。例如，精益生产、智能制造和自动化技术的应用，不仅提高了生产效率，也减少了能源和原材料的消耗。

技术创新推动了新产业的发展。随着科技的进步，诸如可再生能源、生物技术、信息技术等新兴产业逐渐成为经济增长的新动力。这些产业往往依赖于高科技和专业知识，而不是传统的资源消耗。例如，随着太阳能和风能技术的成熟，可再生能源产业正在逐渐成为许多国家能源结构转型和经济发展的重要支柱。

技术创新还促进了经济增长模式的多元化。传统的经济增长往往集中在少数行业或领域，而技术创新则推动了更广泛的产业发展和业态创新。这不仅有助于经济的稳健增长，也增强了经济体对外部冲击的抵抗力。例如，数字经济、共享经济和平台经济的兴起，为经济增长提供了新的路径和模式。

三、科技驱动供给侧结构性改革的路径与实践

（一）传统产业的数字化与智能化改造

传统产业的数字化与智能化改造不仅是对传统生产方式的一种优化，更是一种深刻的产业革命，它涉及利用最新的数字技术和智能制造系统来重塑传统产业的生产流程、业务模式和市场定位。

数字化改造是传统产业转型的关键。通过引入信息技术，如大数据、云计算和物联网，企业可以实现生产过程的智能化和自动化。例如，通过实时数据采集和分析，企业可以更准确地预测市场需求，优化库存管理，减少浪费。此外，数字化还可以提高生产效率和灵活性，使企业能够快速响应市场变化，满足客户个性化需求。

智能制造系统是提升传统产业竞争力的重要工具。通过集成先进的自动化设备、机器人技术和智能控制系统，传统制造业可以显著提高生产效率和质量控制水平。智能制造不仅提高了生产效率，还降低了人力成本和生产误差，提高了产品质量的一致性和可靠性。此外，智能制造还支持更加灵活的生产方式，使企业能够更有效地适应市场的多样化和定制化需求。

在进行数字化与智能化改造的过程中，企业还需要考虑到业务模式的

创新。这意味着不仅仅是生产过程的变革，还包括对产品服务模式、供应链管理以及客户关系的重新设计。例如，通过引入在线服务平台，企业可以提供更加便捷和个性化的服务，增强与客户的互动和黏性。同时，数字化和智能化技术还可以帮助企业更有效地整合上下游产业链，实现更加紧密和高效的协同作业。

然而，实现传统产业的数字化与智能化改造并非易事，它需要企业进行大量的投资，并且面临技术、人才和管理方面的挑战。因此，政府的支持在这一过程中至关重要。政府可以通过提供财政补贴、税收优惠、技术咨询和培训等措施，帮助企业顺利进行转型升级。同时，还需要通过制定相应的政策和标准，推动整个行业的健康发展。

（二）智能制造与自动化技术的应用

智能制造与自动化技术的应用通过提升生产效率、减少人力成本，以及提高产品质量和一致性，为传统生产方式带来了革命性的变革。这些变革不仅对单个企业的运营效率产生了深远影响，也为整个产业的发展趋势和竞争格局设定了新的标准。

智能制造系统集成了先进的信息技术、自动化技术和人工智能，使得生产过程更加智能化和灵活化。这些系统能够实时监控生产流程，自动调整生产参数，确保生产过程的最优化。例如，通过实时数据分析，智能制造系统可以预测设备的维护需求，减少意外停机时间，从而提高整体生产效率。

自动化技术的应用则主要集中在生产过程的机械化和自动化上。自动化生产线通过减少人工干预，显著提高了生产速度和精确度。这不仅减少了人力成本，也降低了因人为错误导致的生产缺陷。例如，自动化装配线能够以一致的速度和精度进行复杂的装配工作，确保产品质量的一致性。

智能制造和自动化技术的结合还为产品质量控制带来了新的可能。利用高精度的传感器和数据分析工具，企业可以在生产过程中实时监控产品质量，及时发现并纠正生产问题。这不仅提高了产品的合格率，也减少了资源的浪费。

智能制造与自动化技术还能够提高生产的灵活性。在市场需求多变的今天，能够快速响应市场变化并调整生产策略的企业更具竞争优势。智能制造系统能够快速适应新的生产任务，缩短产品从设计到市场的时间。

然而，智能制造和自动化技术的实施也面临着技术投资成本、员工技能转变等问题，需要企业在员工培训和技能提升做足功课。

（三）高新技术产业的培育与发展

高新技术产业不仅是经济增长的新引擎，也是推动社会进步和维护国家竞争力的重要因素。在这一过程中，科技创新起到了核心作用，而政策支持、资金投入和研发活动是促进高新技术产业成长的三个主要方面。

政策支持是高新技术产业发展的重要保障。政府通过制定和实施有利于高新技术产业发展的政策，为这些产业的成长创造了有利的外部环境。这些政策可能包括税收优惠、政府采购支持、市场准入便利化、知识产权保护加强等。通过这些政策措施，政府不仅直接促进了高新技术产业的发展，也为企业提供了稳定和可预见的经营环境，鼓励企业投入更多资源进行技术创新和产业升级。

高新技术产业发展的重要推动力是持续的资金投入。高新技术产业的研发和市场推广往往需要大量的资金支持，特别是在早期研发阶段。政府和私人部门的投资对于促进这些产业的发展至关重要。政府可以通过设立专项基金、提供财政补贴、鼓励银行贷款等方式，为高新技术产业提供资金支持。同时，风险投资和私人股权投资也是高新技术产业融资的重要渠道。这些资金不仅用于技术研发，也用于市场推广、人才培养和基础设施建设等方面。

研发活动是高新技术产业发展的核心。创新是高新技术产业的生命线，而研发活动是创新的基础。企业需要不断进行技术研究和产品开发，以保持其在市场中的竞争力。为此，企业需要建立和完善研发体系，包括设立研发中心、引进高技能人才、与科研机构和高等院校合作等。同时，政府也可以通过支持研发项目、建立科技创新平台、鼓励产学研合作等方式，促进研发活动的开展。

（四）产业链和供应链的优化重组

科技创新在产业链和供应链优化重组的过程中扮演着至关重要的角色。它不仅能够提高产业链和供应链的运作效率，还能加快响应速度，降低运营成本，从而使整个经济体系更加灵活和强韧。

科技创新优化产业链和供应链的首要方式是通过信息技术的应用。信息技术，特别是大数据、云计算和物联网技术，为实现供应链的透明化和实时监控提供了可能。这些技术可以帮助企业更精准地预测市场需求，及时调整生产计划和库存，减少浪费。例如，通过实时数据分析，企业可以优化库存水平，减少积压，同时确保满足市场需求的灵活性。

区块链技术在供应链管理中的应用则体现在提供一个安全、透明且不可篡改的数据记录平台。通过区块链技术，供应链中的每一笔交易都可以被记录和验证，这极大增强了供应链的透明度和可追溯性。这对于提高供应链的诚信度、减少欺诈和错误非常重要，尤其是在食品安全和药品供应链等领域。区块链还有助于简化交易流程和降低交易成本。通过使用智能合约，交易双方可以自动执行合同条款，减少手工处理和纸质文档的需求，加快交易流程，降低管理成本。此外，区块链在解决供应链中的信任问题方面也显示出巨大潜力，尤其是在多方参与且缺乏中央信任机构的国际供应链中。区块链技术在提高供应链透明度和安全性方面也展现出巨大潜力。区块链可以为供应链各环节提供一个不可篡改的数据记录，增强供应链管理的可追溯性和透明性。这对于食品安全、药品监管以及高价值产品的供应链尤其重要。

智能制造技术的应用也是优化产业链和供应链的重要方面。通过采用先进的自动化设备和智能控制系统，企业可以提高生产效率，缩短生产周期，降低生产成本。同时，智能制造技术还可以提高产品质量和一致性，减少人为错误和废品率。

数字化转型还促进了新的商业模式和合作方式的出现。例如，数字平台可以连接不同的供应商、制造商和分销商，促进资源共享和协同工作。这不仅提高了整个供应链的效率，还为中小企业提供了进入更广泛市场的机会。

物联网技术通过将传感器和智能设备集成到供应链的各个环节，提供了对整个供应链的实时可视性和监控能力。这种透明度使企业能够即时追踪原材料和产品的流动，从而优化库存管理，减少库存积压，提高响应市场变化的能力。例如，通过实时监控库存水平，企业可以准确预测需求变化，及时调整采购和生产计划，从而减少过剩库存和缺货的风险。物联网还能够提升物流和配送的效率。通过实时跟踪运输车辆的位置和状态，企业可以优化配送路线，减少运输时间和成本。此外，智能传感器可以监测产品在运输过程中的条件，如温度和湿度，确保产品质量，特别是对于易腐物品和敏感物资。

然而，产业链和供应链的优化重组也面临着诸多挑战。这些挑战包括技术投资的成本、员工技能的匹配、数据安全和隐私保护等。因此，政府和行业组织在推动科技创新的同时，也需要制定相应的政策和标准，为产业链和供应链的优化重组提供支持和指导。随着技术的不断发展和成熟，预计未来这些技术将在更多领域和行业中得到应用，成为提高生产力和竞争力的关键因素。

第二节　数字经济赋能传统产业转型升级

一、数字经济的基本概念与发展趋势

在定义数字经济时，我们可以将其视为一个广泛的概念，它包括所有利用数字网络技术（如互联网、移动通信网络）和数据资源来改善效率、优化性能和创造新价值的经济活动。数字经济的基础在于数据作为一种新的资产类别，数据的收集、分析和应用是数字经济运作的核心。在这个框架下，云计算为数据存储和处理提供了强大的后端支持，大数据分析技术使得从海量数据中提取有价值信息成为可能，而人工智能则为数据分析带来了前所未有的深度和广度。

"数字经济"可以简单划分为两个部分：

一是数字产业化，即信息产业、包括信息通信业、软件服务业等。二是产业数字化，即产业融合数字技术带来产出增加和效率提升，也称为数字经济融合部分，如图4-2所示。

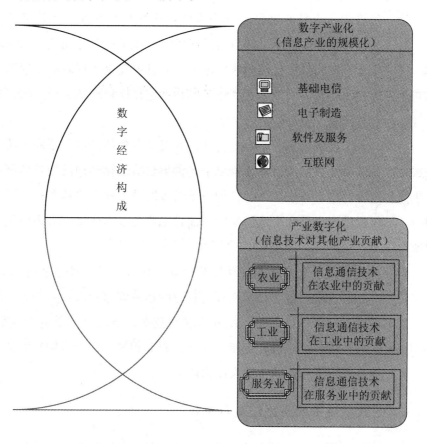

图 4-2　数字经济的构成

（一）数字经济的含义与特征

数字经济不仅是一种新兴的经济形态，更是一种全面的经济转型方向。它通过整合各种数字技术，推动了经济活动的效率提升、业务模式创新以及市场结构的变革。数字经济作为当今世界经济发展的一个重要方向，其核心在于利用数字化的信息和通信技术来产生、管理和交换价值。数字经济的范畴远超出传统的互联网应用，它涉及所有通过数字化技术转型和升级的经济活动。

数字经济的一个核心特征是其高度的连通性和交互性。在数字经济中，消费者、企业和设备通过网络实时连接，创造了一个互动性极强的环境。这种环境不仅使得信息传播速度极快，而且也促进了创新的快速迭代和新业务模式的产生。例如，共享经济模式就是在这种环境下诞生的，它通过优化资源分配，创造了新的价值。

另外，数字经济的另一个显著特征是其对平台化的倾向。不同于传统的线性产业链，数字经济更多地依赖于各类平台来连接不同的用户、服务提供商和内容创造者。这些平台，如电子商务网站、社交媒体和在线服务平台，不仅提供了交易和交流的空间，而且也成为数据收集和分析的重要渠道。

数字经济的发展也在不断推动传统产业的转型升级。在这个过程中，许多传统产业通过采用数字技术来提升自身的运营效率和市场竞争力。例如，制造业通过引入智能制造系统和物联网技术，不仅提高了生产效率，还实现了产品和服务的个性化定制。同样，农业领域通过引入精准农业技术，大幅提升了资源利用效率和农作物产量。

（二）数字经济的历史演变与现状

数字经济的历史演变与全球技术发展和市场变化紧密相连。从最初的信息技术和互联网的诞生到现在全面数字化的经济体系，数字经济经历了多个阶段的变革和发展。

在早期，数字经济的起源可以追溯到 20 世纪后半叶，随着计算机技术的出现和互联网的发明。这一时期，数字经济主要表现为信息技术和通信技术（ICT）在经济活动中的应用，主要集中在自动化和数据处理方面。企业开始利用计算机系统优化内部运作，提高效率，但这一阶段的数字经济还相对狭窄，主要局限于特定行业和大型企业。

进入 21 世纪，随着互联网技术的成熟和普及，数字经济迎来了快速发展的新阶段。互联网不仅改变了人们的生活方式，也为企业创造了新的经营模式和市场机会。电子商务、在线服务和数字内容产业开始快速发展，这一阶段的数字经济开始逐渐渗透到更多的行业和领域。

近年来，数字经济的发展进入了一个新的阶段，标志着全面数字化时代的到来。这一阶段的特点是新兴技术的集成和创新应用，如大数据、云计算、人工智能、物联网和区块链等技术的兴起，极大地推动了数字经济发展的深度和广度。这些技术不仅使数字经济的应用领域扩展到了几乎所有的行业，也创造了全新的商业模式和服务方式。例如，基于大数据的精准营销、云计算支持的远程工作和协作及 AI 驱动的个性化服务，这些都是数字经济发展的新成果。

在当前阶段，数字经济已成为全球经济的重要组成部分。它不仅推动了传统行业的数字化转型，还孕育了一系列新兴产业和职业。更重要的是，数字经济正在重塑全球的经济结构和竞争格局，为各国经济发展提供了新的动力。

数字经济的发展也面临着挑战。其中包括技术发展与应用的不平衡，数字鸿沟的问题，以及数据安全和隐私保护等问题。这些挑战需要国际社会共同努力，通过制定相应的政策和标准，促进数字经济健康、公平和可持续的发展。

（三）数字经济的未来发展趋势

数字经济的未来发展趋势预示着深刻的变革和广泛的影响，它将继续重塑全球经济格局和商业生态。未来的数字经济将由几个关键因素和趋势驱动，这些因素和趋势将不仅影响技术发展的方向，也将对传统行业产生深远的影响。

未来数字经济的一个显著特征是更加广泛的技术整合。随着人工智能、大数据、云计算、物联网、区块链等技术的成熟与发展，它们将更深入地融合进各个行业和领域，从而推动产业的数字化转型。这种技术整合不仅会提高行业的运营效率和生产力，还将创造全新的商业模式和服务方式，比如智能制造、智慧城市、数字化医疗等。

数字经济的未来发展也将聚焦于潜在的增长领域。随着数字技术的不断演进，新的增长领域如虚拟现实、增强现实、数字货币、网络安全等将成为重要的经济增长点。这些领域的发展不仅会带来新的商机，也将对人们的生活方式和工作模式产生深远的影响。

另外，数字经济的发展也面临着挑战和问题。数据安全和隐私保护是其中最为关键的议题之一。随着越来越多的数据被收集、存储和分析，如何有效保护个人和企业的数据安全，防止数据泄露和滥用成为一个迫切需要解决的问题。此外，随着数字经济的深入发展，数字鸿沟问题也日益凸显，这要求采取相应的措施，确保所有人都能平等地享受数字技术带来的红利。

数字经济的快速发展还对传统行业带来了冲击和挑战。许多传统行业和企业需要适应数字化的变革，通过技术升级和业务模式创新来应对数字经济时代的竞争。这不仅涉及技术的引入和应用，还包括企业文化、组织结构和人才培养等方面的调整。

二、数字技术在传统产业转型中的应用

（一）转型驱动因素与技术应用

传统产业的数字化转型是一个复杂且多维度的过程，它受到各种因素的驱动，其中最关键的包括市场需求的变化、日益激烈的竞争压力以及技术进步的不断推进。这些因素共同作用，促使传统产业必须适应新的经济

环境，通过采纳和整合数字技术来提升自身的竞争力和效率。

市场需求的变化是驱动传统产业数字化转型的主要因素之一。随着消费者偏好的变化和数字技术的普及，市场对于更加个性化、高效率和互联互通的产品和服务的需求日益增长。促使传统产业必须调整其生产和服务模式，以满足这些新的市场需求。例如，制造业通过引入智能制造系统，不仅可以提高生产效率，还能实现产品的定制化生产，以满足消费者对个性化产品的需求。

竞争压力也是一个重要的驱动因素。在全球化的市场环境中，传统产业面临着来自国内外的激烈竞争。为了保持竞争优势，这些产业必须采用最新的数字技术来提高运营效率、降低成本和创新产品服务。例如，通过采用数据分析工具，企业可以更准确地预测市场趋势和消费者行为，从而制定更有效的市场策略和产品开发计划。

技术进步本身也是推动传统产业数字化转型的关键因素。随着信息技术的快速发展，越来越多高效、成本低廉的数字解决方案出现。这些技术，如云计算、大数据分析、物联网和人工智能等，为传统产业提供了新的工具和方法，以优化其业务流程和提升产品服务的质量。例如，云计算技术使企业能够更灵活地处理大量数据和运行复杂的应用程序，而无需大量投资于硬件设施。

将数字技术融入传统产业不是一个简单的过程。它要求企业不仅要在技术上进行投资，还要在组织结构、企业文化和员工技能上进行相应的调整。企业需要培养员工的数字技能，以适应新的工作方式和技术要求。此外，企业还需要建立一种以数据为中心的文化，鼓励创新和持续改进。

（二）转型过程中的挑战

传统产业在实施数字化转型过程中面临着多重挑战，这些挑战不仅涉及技术层面，也涉及人才、资本及文化等方面。理解和应对这些挑战是实现成功转型的关键。

传统产业往往有着长期建立的生产流程和管理体系，将新兴的数字技术融入这些已有系统中并不容易。技术融合不仅涉及硬件和软件的更新，还包括数据系统的互通和兼容。例如，引入物联网技术要求对现有的生产设备进行改造或替换，以实现数据的实时收集和分析。同时，大数据和云计算的应用需要企业拥有处理和分析大量数据的能力，这可能需要更新IT基础设施和采购新的软件工具。

数字化转型的另一个重要挑战是资本投入。对于许多传统企业而言，数字化转型需要大量的前期投资，包括购买新技术设备、软件和服务。此外，企业还需要投入资金进行市场研究、技术测试和项目管理。这些投资在短期内可能不会产生直接的经济回报，因此企业需要有足够的财务规划和风险评估。

相应的人才及培训与组织文化的调整也是数字化转型的一个关键挑战。数字化转型不仅改变了工作方式，也对员工的技能和知识提出了新的要求。因此，企业需要投入资源进行员工培训和技能提升。这包括教育员工理解和使用新技术，以及培养他们的数据分析和数字化决策能力。然而，员工培训是一个长期的过程，需要企业持续的投入和关注。

成功的数字化转型不仅仅是技术的改变，也是组织文化和思维方式的转变。这要求企业建立一种鼓励创新、灵活适应和持续学习的文化。企业需要鼓励员工接受新技术和新工作方式，培养员工的数字思维和创新意识。然而，改变组织文化是一个复杂且漫长的过程，需要企业高层的坚定承诺和全员的共同努力。

（三）数字化转型的成效与未来展望

1.数字化转型显著提高了生产效率。通过引入自动化技术、智能制造系统、物联网和大数据分析等，企业能够实现更精细和高效的生产管理。例如，通过实时监控生产流程和设备状态，企业可以及时发现并解决生产中的问题，减少停机时间，提高生产线的整体效率。此外，通过数据分析优化生产计划和供应链管理，企业能够减少库存成本和提高响应市场变化的能力。

2. 数字化转型促进了服务模式的创新。许多传统产业通过引入数字技术，如移动互联网、云计算服务和人工智能，开发出了新的服务模式和产品。这些新模式往往更加具有个性化、灵活性和互动性，能够更好地满足消费者的需求。例如，零售行业通过电子商务和社交媒体营销，实现了与消费者的直接互动和个性化服务。

3. 数字化转型还显著增强了企业的市场竞争力。在全球化和高度竞争的市场环境中，能够快速适应市场变化和消费者需求的企业更具优势。数字技术的应用使企业能够快速收集市场信息，制定灵活的市场策略，并且更有效地推广其产品和服务。例如，通过大数据分析和人工智能算法，企业可以精准地定位目标市场和客户，提高营销活动的效果。

展望未来，数字化转型将继续深刻影响传统产业的发展。随着技术的不断进步，如5G通信、量子计算和更先进的人工智能技术，数字化转型的潜力将进一步释放。这些技术将使企业能够处理更大量的数据，实现更高级别的自动化和智能化，从而推动产业向更加高效、灵活和创新的方向发展。

同时，数字化转型也将带来新的挑战，如数据安全和隐私保护、技术和人才的匹配等。企业需要不断适应新的技术环境，投资于技术和人才的发展，同时建立相应的管理和安全机制，以确保在数字化时代的持续竞争力和可持续发展。

三、传统产业转型升级的数字化应对策略

（一）数字化转型规划与策略制定

传统产业的数字化转型规划和策略制定是一个复杂而全面的过程，它要求企业不仅要考虑当前的业务需求和技术能力，还要预见未来的市场变化和技术发展趋势。成功的数字化转型策略应当包括明确的转型目标、合适的技术选择、有效的投资规划、人才发展计划以及组织结构的调整。

确定转型目标是制定数字化转型策略的起点。这些目标应当具体、可

衡量，并与企业的长期战略目标相一致。例如，一个制造企业的转型目标可能包括提高生产效率、减少废品率、提升产品质量和实现个性化定制。明确的目标不仅为转型提供方向，也有助于后续评估转型的成效。

选择合适的数字技术和工具是实施数字化转型的核心。企业需要根据自己的业务需求和现有的技术基础，选择最合适的技术解决方案。这可能包括云计算平台、大数据分析工具、人工智能算法、物联网设备等。同时，企业还需要考虑技术的可扩展性和兼容性，确保所选技术可以适应未来的发展。

投资规划是确保数字化转型成功的关键。数字化转型通常需要显著的前期投资，包括购买新技术、升级设备、改造基础设施等。企业需要制定明确的投资计划，确定资金来源，并合理分配投资以避免过度集中于某一单一技术或项目。

人才发展和组织结构调整对于数字化转型同样重要。数字化转型不仅是技术上的变革，也是人才和组织文化上的转变。企业需要培养员工的数字技能，如数据分析、数字工具操作和数字化思维。此外，可能需要调整组织结构，以更好地适应数字化的工作流程和决策机制。

强调策略的灵活性和适应性是应对快速变化的技术和市场环境的关键。随着技术的不断发展和市场需求的变化，企业的数字化转型策略也需要不断调整和更新。这要求企业持续关注市场和技术的最新发展，及时调整自己的转型策略。

（二）人才与文化策略

在数字化转型的过程中，人才和文化策略的作用不容小觑。重点在于探索如何通过人才培养和组织文化的调整，来支持和加速这一转型过程。一个有效的人才和文化策略能够确保员工不仅具备必要的技能，而且能够在新的数字环境中发挥积极的作用。

人才的重要性在数字化转型中是显而易见的。转型成功与否很大程度上取决于员工是否具备相应的数字技能和思维模式。因此，培训和技能提升是关键。这不仅包括对新技术的培训，如数据分析、云计算和人工智能的应用，还包括对数字化工作流程和决策过程的培训。通过定期的培训和学习，员工能够不断提升自己的技能，适应数字化带来的变化。

组织文化的调整同样至关重要。在数字化转型的过程中，需要构建一种支持创新、鼓励风险尝试和灵活适应变的文化。这样的文化能够促进员工积极接受新技术，愿意尝试新的工作方法，并且能够在面对挑战时快速适应和解决问题。要实现这一点，企业领导层需要起到模范作用，通过自身行为展示对创新和数字化转型的承诺。

企业还需要通过各种措施促进这种文化的形成。这包括设置创新激励机制，比如为尝试新方法和成功创新提供奖励。同时，也要提供一个安全的环境，让员工在尝试和学习过程中不惧失败。此外，企业还可以通过团队建设活动和交流平台，促进员工之间的交流和协作，共同推动数字化转型的实现。

企业还需要关注人才的引进和保留。这意味着在招聘过程中寻找具备数字技能和创新思维的人才，同时通过职业发展和晋升机会保留现有的关键人才。

（三）监测、评估与持续改进

在数字化转型的过程中，有效的监测、评估和持续改进是确保转型成功的关键环节。这些步骤不仅帮助企业跟踪进度和效果，还能确保转型策略与快速变化的市场和技术发展保持同步。

监测和评估过程需要从数字化转型的初期就开始，并贯穿整个转型过程。这要求企业建立一套综合的监控系统，能够实时跟踪关键指标和里程碑。例如，对于制造企业，这些指标可能包括生产效率、产品质量、废品率和客户满意度等。通过对这些指标的持续监控，企业能够及时了解转型进程中的成效和存在的问题。

评估机制的建立也至关重要。评估不仅要考虑量化指标，还应包括定性分析，如员工对新技术的适应情况、客户对新服务的反馈等。定期的评估会议和报告可以帮助管理层和关键利益相关者了解转型进程，并作出必要的调整。

持续改进是数字化转型的核心。数字化环境是不断变化的，企业必须具备快速适应和持续改进的能力。这意味着企业需要建立一种学习和适应的文化，鼓励员工不断探索新技术和新方法，并快速响应市场的变化。例如，企业可以通过定期的技术研讨会、创新竞赛和反馈机制，激励员工参与到改进和创新过程中。

企业还应该关注市场和技术的最新发展。这要求企业的领导层和关键决策者保持对行业趋势、新技术和市场需求的敏锐洞察。通过参加行业会议、合作研究和外部咨询，企业可以及时调整自己的转型策略，以适应外部环境的变化。

第三节　科技创新推动新型基础产业建设

一、新型基础产业的定义与范围

（一）新型基础产业的含义与特征

新型基础产业，作为支撑未来产业发展的关键领域，代表着现代经济的基石。这一概念超越了传统的基础产业界限，融合了信息技术和物理基础设施的进步，从而形成了全新的产业生态。它不仅包括了物质基础设施，如 5G 通信、新材料、新能源和新型交通系统，还涵盖了信息技术的软件基础，如大数据、人工智能和 IT 软件，以及实现这些技术互联的网络基础，如工业互联网、智能物联网和智慧电网等。

这些新型基础产业的核心在于它们的综合性和互联性。它们不仅为现有产业提供支撑，推动产业升级和效率提升，而且为新兴产业的发展奠定了基础，特别是在促进数字化和智能化转型方面发挥着重要作用。新型基础产业通过整合物理基础设施的"硬件"和信息技术的"软件",以及两者之间的互联网络,形成了一个互补和协同的产业体系,从而为全球经济的未来发展提供了强有力的支撑。

新型基础产业是当今经济发展中的一个关键概念,它代表着工业和技术革命的最新成果,以及对未来经济格局的深远影响。这些产业区别于传统基础产业,不仅在于它们的技术内容和经济作用,还包括对社会和环境的影响。新型基础产业涵盖的范畴广泛,这些产业不仅推动了技术创新和产业升级,还对经济结构的转型和优化起到了关键作用,更在社会和环境层面展现出其深远的影响。这些产业的发展是推动现代社会向更高级别的经济和社会结构转型的关键因素。为了便于理解,下面以图示的方式说明新型基础产业的含义及范围,如图4-3所示:

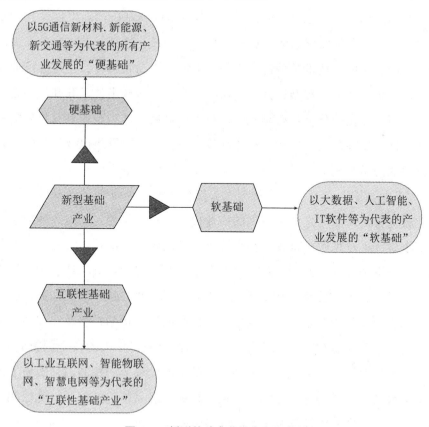

图4-3　新型基础产业的含义及范围

新型基础产业的核心特征在于其高度的技术密集性和创新导向性。这些产业通常基于最新的科技发展，如人工智能、大数据、可再生能源技术、生物技术等。这些技术的应用推动了传统行业的升级和新行业的产生，带来了生产力的巨大提升和经济结构的深刻变革。

与传统基础产业相比，新型基础产业的一个显著区别在于其对环境和资源的可持续利用的关注。例如，可再生能源产业如太阳能和风能，不仅代表着新的技术方向，也体现了对环境保护和可持续发展的承诺。这种对可持续发展的关注是新型基础产业与传统基础产业（如煤炭、钢铁等）的本质区别。

我们把新型基础产业的主要特征简单总结为"三高"，即"高新、高端、高效"。

"产业高新"概念首先基于当代高新技术的新基础产业发展，它预示着未来产业革命的发展趋势。此概念包含三个核心特征：首先，其发展的新基础产业在核心技术及关键工艺环节上展现出高新特性，且这些产业属于知识密集和技术密集型；其次，这些产业发展体现出技术和知识的自主创新能力，并在国际上具有领先的创造力；最后，这类产业具有显著的战略引领性，能够推动其他相关产业在技术进步、调整升级以及产品创新发展方面取得显著成就。

"产业高端"定义为在高级要素禀赋的支持下所展现的新基础产业内生比较优势，从而使之位于有利的产业价值链竞争位置。该概念的内涵可从三个维度进行理解。首先是高级要素禀赋的转变，即从传统的自然禀赋转向人力资本与知识禀赋，后者在企业中主要表现为在核心技术与关键工艺环节的高技术密集度，例如当前新基础产业中的 5G 通信、大数据、云计算和工业互联网等。其次，高价值链位势的概念指的是企业在"微笑曲线"的两端所占据的位置，而维持这一高位势需要强大的自主创新能力。最后，高价值链控制力关乎企业在价值链中所处环节的控制力，实质上涉及对关键环节中核心技术专利、营销渠道或知名品牌等的控制。此控制力对于其他相关产业同样具有重要的战略引领性。

　　"产业高效"在新基础产业领域被定义为资源配置效率的体现，它不仅包含良好的经济效益，同时也涵盖积极的社会效益。该概念可以从三个主要内容来理解。首先，它涉及高产出效率，包括产业的投入产出效率、人均劳动生产率和全要素生产率等指标。其次，产业高效还体现在高附加价值上，如较高的利润率、产业增加值率以及对税收的重大贡献。最后，高效产业应具备正向的外部性，这意味着新基础产业不仅应与环境和谐相处，生产过程中污染少，符合低碳经济的要求，而且应对传统产业的转型升级以及新兴产业的发展壮大、社会就业等方面产生积极的带动作用。

　　新型基础产业在现代经济中的作用和重要性不容忽视。它们是推动当前和未来经济增长的主要动力，特别是在全球经济面临数字化转型和绿色转型的大背景下。新型基础产业不仅为经济发展提供了新的增长点，还为解决全球性问题如气候变化、能源危机和环境保护提供了可行性方案。

　　新型基础产业还具有强大的带动效应。它们通过与其他产业的融合和相互促进，推动了整个经济体系的创新和进步。例如，信息技术的发展促进了智能制造、智慧城市等领域的兴起，生物技术的进步则推动了医药和农业领域的变革。

（二）新型基础产业的主要类别

　　新型基础产业代表着现代经济的发展趋势和技术进步的方向，涵盖了多个领域，每个领域都有其独特的特点和广泛的应用，下面列举部分领域。

　　1. 高技术制造业是新型基础产业的重要组成部分。这一领域包括使用先进的制造技术和方法来生产高附加值产品的产业，如航空航天、精密仪器、高端医疗设备等。高技术制造业的特点是高度依赖研发创新、生产过程高度自动化和智能化，以及对技术人才的极高需求。在这个领域，生产效率和产品质量的提升很大程度上依赖于技术创新和持续的研发投入。

　　2. 可持续能源产业也是新型基础产业的一个关键类别。随着全球对环境保护和可持续发展的重视，可再生能源如太阳能、风能和生物能源正在逐渐取代传统的化石能源。这一产业的特点是能源的清洁性、可再生性和环境保护性。可持续能源产业不仅在减少温室气体排放、缓解全球气候变化方面发挥着重要作用，也在促进新的经济增长点的形成。

3. 信息技术基础设施是支撑现代经济运行的另一基石。这包括数据中心、通信网络、云计算平台等基础设施，它们是现代信息社会运作的基础。这一领域的特点是对数据处理和存储能力的高需求、对网络速度和稳定性的严格要求，以及对网络安全的关注。

每个类别的新型基础产业都有其独特的应用领域和市场需求。例如，高技术制造业不仅服务于航空航天、医疗等领域，还是国防、科研等领域的重要支撑。可持续能源产业则在住宅、商业和工业能源供应中发挥着日益重要的作用。信息技术基础设施则贯穿于几乎所有现代经济活动中，包括金融服务、交通、教育、娱乐等领域。

（三）新型基础产业与经济建设的关系

新型基础产业在当代经济建设中扮演着至关重要的角色，是现代经济发展的关键领域，它们通过促进技术创新、推动经济结构升级和增强国家竞争力，对经济建设产生了重要影响。作为经济发展的新引擎，它们不仅直接推动了技术创新，还对整体经济结构的升级和国家竞争力的提升产生了深远影响。

新型基础产业是技术创新的前沿阵地。这些产业通常高度依赖科技发展，是新技术应用的第一线，如人工智能、物联网、生物技术和可再生能源技术。它们的发展不仅推动了相关技术的研发和应用，还促进了技术在更广泛领域的扩散。例如，人工智能技术的进步不仅在 IT 行业发挥作用，还在医疗、金融、教育等领域产生了变革性影响。

新型基础产业是经济结构升级的重要力量。随着全球经济从传统制造业向服务业、高技术产业转型，新型基础产业成为推动这一转型的关键。它们通过提供高附加值的产品和服务，促进了产业结构的优化，提升了整个经济体的价值创造能力。例如，可再生能源产业的发展不仅减少了对化石燃料的依赖，还创造了大量高技能工作岗位，推动了相关行业如电池制造、能源存储解决方案的发展。

新型基础产业对于增强国家经济的整体竞争力具有重要意义。在全球化和数字化的时代背景下，拥有强大的新型基础产业基础，意味着一个国家在国际市场上拥有更多的话语权和影响力。这些产业不仅能够吸引外资，促进国际贸易，还能提高国家在全球价值链中的地位。比如，领先的信息技术基础设施可以吸引全球顶尖企业和人才，加强国家在全球经济中的地位。

二、科技创新在新型基础产业中的功能应用

（一）科技创新促进产业效率与质量提升

科技创新在新型基础产业中的应用不仅提高了产业的生产效率和产品质量，还推动了整个产业的转型升级。自动化、信息化和智能化技术的综合应用使得新型基础产业能够更有效地应对市场的挑战，满足消费者的需求，并在激烈的全球竞争中保持竞争优势。

自动化技术的应用是提高生产效率的关键。在新型基础产业中，自动化不仅意味着传统意义上的机械化生产，还包括更加智能和灵活的生产过程。例如，通过使用机器人和自动化生产线，制造业能够大幅度提高生产速度，减少人力需求，同时降低人为错误造成的损失。这种自动化的生产方式不仅提高了生产效率，还提高了产品的一致性和质量。

信息化技术的应用在新型基础产业中同样发挥着重要作用。通过集成信息系统，如企业资源规划（ERP）和供应链管理（SCM）系统，企业可以更高效地管理资源和流程。信息系统能够提供实时数据和分析，帮助企业优化生产计划、减少库存成本和提高响应市场变化的能力。此外，信息化还使得企业能够更好地理解和满足客户需求，通过数据分析来优化产品设计和服务。

智能化技术的应用是新型基础产业发展的另一个关键点。随着人工智

能、大数据和物联网技术的发展，智能化已经成为提升产业效率和产品质量的重要手段。例如，通过使用人工智能算法，企业可以在复杂的生产过程中做出更加精准的决策，优化生产流程和资源配置。物联网技术则使得设备和系统能够实时连接和交流，提高生产过程的透明度和可控性。

（二）新型基础产业建设中的科技创新与可持续发展

科技创新在新型基础产业建设中不仅推动产业转型，也为实现可持续发展目标提供了重要的技术支持。人工智能、大数据分析和物联网等创新技术的应用，正成为新型基础产业转型和绿色发展的驱动力。

人工智能（AI）技术在新型基础产业转型中的作用不容小觑。AI 技术通过智能化决策支持和自动化流程，提高了产业的效率和效能。在制造业中，AI 应用于产品设计、质量控制和供应链管理，使得生产更加智能化和灵活。在服务行业，如金融和医疗领域，AI 技术通过提供个性化服务和精准诊断，大幅提升了服务的质量和效率。

大数据分析技术的应用在新型基础产业转型中同样至关重要。通过收集和分析大量数据，企业可以更深入地了解市场趋势、消费者行为和运营效率。这种深入的洞察为企业提供了制定更有效策略和优化决策的基础。例如，在零售行业，大数据分析帮助企业预测消费者需求，优化库存管理，同时提供个性化的购物体验。

物联网（IoT）技术在新型基础产业的转型中也发挥着重要作用。通过将传感器和智能设备连接到互联网，企业能够实时监控和管理其设备和系统。在智能城市建设中，物联网技术用于交通管理、能源分配和环境监测，提高城市运行的效率和可持续性。

除了促进效率和质量的提升，这些创新技术还在新型基础产业的绿色转型中扮演着关键角色。科技创新使得企业能够更有效地利用资源，减少能源消耗和废物排放，从而支持环境保护和可持续发展。例如，通过使用智能能源管理系统，企业和城市可以更有效地利用可再生能源，减少对化石燃料的依赖。同时，智能制造和精准农业技术的应用也有助于减少资源浪费和环境污染。

三、科技创新与新型基础产业的协同发展

（一）科技创新与新型基础产业的联系

科技创新与新型基础产业之间存在着密切联系。一方面，科技创新提供了新型基础产业发展的技术基础和工具，另一方面，新型基础产业的发展又为科技创新提供了实际应用场景和市场需求，从而推动了科技的进一步发展。

这种联系首先体现在对产业结构的优化上。随着新技术的不断涌现，传统的重工业和制造业开始转向更加高效、智能化的生产方式。例如，在智能制造和自动化的推动下，制造业减少了对人力的依赖，提高了生产效率和产品质量，降低了成本和资源浪费。此外，新型基础产业如可再生能源和生物技术的发展，也在推动着能源和医药等领域的革新。

（二）跨领域技术融合与协同发展

跨领域的技术融合是推动新型基础产业协同发展的另一重要因素。物联网、人工智能和云计算等技术不仅在各自领域内发挥作用，还通过与其他技术和行业的结合，创造出新的应用可能性。

物联网技术通过将各种物理设备连接到互联网，实现了数据的实时收集和交换。这在智能城市、智能家居和工业互联网等领域尤为显著。例如，物联网技术在智能城市中用于交通管理、环境监测和能源分配，提高了城市管理的效率和居民的生活质量。

人工智能技术则通过模拟人类的学习、判断和解决问题的能力，提高了决策的效率和准确性。在医疗领域，人工智能的应用使得疾病诊断更加精准，治疗方案更加个性化。在金融领域，人工智能用于风险评估和客户服务，提高了服务的效率和质量。

云计算技术提供了强大的数据处理和存储能力，支持了大规模的数据

分析和应用。这在大数据分析、远程工作和在线服务中尤为重要。通过云平台，企业可以灵活地扩展其 IT 资源，快速部署新的应用程序，提高运营的灵活性和效率。

（三）跨界融合推动产业链创新

不同技术领域之间的跨界融合不仅推动了新型基础产业的发展，也对传统产业链的结构和运作方式产生了深远的影响。新兴技术的应用使得传统产业链变得更加灵活和高效，同时也促进了新业务模式和服务模式的出现。

在这种融合下，传统产业链正在经历从线性结构向网络化、集成化转变。例如，物联网技术的应用使得制造业的供应链管理更加智能化，通过实时数据收集和分析，企业可以更精准地预测市场需求，优化库存管理，减少供应链中的浪费。同时，云计算和大数据技术的结合使得企业能够在全球范围内高效地管理和分析数据，提高决策的效率和准确性。

新兴技术的发展正在深刻影响产业链的内部结构和运作方式，尤其在高技术制造业和能源产业领域表现尤为显著。在高技术制造业中，人工智能和机器学习（ML）技术的融合应用，正引领产品设计和开发进入一个新的时代。这些技术的应用使得产品设计更加智能化和自动化，大幅提高了设计效率和精准度。此外，这些技术也使得产品的生产过程更加灵活，能够快速适应市场变化和客户需求的动态调整。

在能源产业中，可再生能源技术的发展是当今能源领域最显著的变革之一。这些技术不仅改变了能源的生产方式，如太阳能和风能的利用，更是在推动能源消费和分配模式的根本变革。这种变革不仅提升了能源的使用效率，还有助于减少能源传输过程中的损耗和环境影响。

科技创新与新型基础产业的协同发展，在推动经济转型和增长方面扮演着至关重要的角色。这一发展趋势不仅促进了产业结构的升级和优化，也为经济增长注入了新的活力。特别是，新型基础产业的崛起与扩张，如清洁能源、生物技术、信息技术、高端制造等领域的快速发展，不仅改变了传统产业的竞争格局，还创造了大量的高技能就业机会，从而促进了人才培养和技术普及。同时，这些产业的发展也为解决全球性问题如气候变化、能源危机和环境保护提供了新的解决方案。

第五章 科学技术发展助力 "两个文明"协调发展现代化

第一节 "两个文明"协调发展现代化的理论阐释

一、"两个文明"的历史演进与新时代内涵

（一）"两个文明"概念的历史与演变

"两个文明"概念的历史与演变深刻地反映了人类社会发展的历程和文明进步的轨迹。在探讨"物质文明"和"精神文明"的起源及其演变时，不可避免地触及人类社会的基本构成和发展动力的根源。

物质文明，自古以来，始终是人类社会发展的基础。其起源可以追溯到人类开始使用工具、掌握火的使用和建立起最初的社会组织形式时。随着时间的推移，物质文明经历了从农耕社会到工业社会，再到现代信息社会的演变。每一阶段的转变都伴随着科技进步和生产方式的变革，如蒸汽机的发明引发的工业革命，以及计算机和互联网的普及带来的信息革命。物质文明的进步不仅体现在生产力的提升和生活水平的改善上，更体现在

人类对自然资源的利用方式和对环境的态度上发生了根本的转变。

与物质文明并行的是精神文明的演进。精神文明源于人类对自我、社会和宇宙的认识，体现在哲学、艺术、宗教、伦理和价值观等方面。从古至今，精神文明的发展一直是人类探索自身存在意义和追求精神满足的过程。从原始社会的图腾崇拜到现代社会的多元文化共存，精神文明的演变展现了人类思想和信仰的深度与广度。

在现代化的背景下，"两个文明"的概念也发生了新的演变。物质文明不再仅仅局限于物质财富的积累和技术进步，而是越来越多地关注可持续性和环境友好性。这种转变体现在对绿色发展和循环经济的追求，以及对可再生能源和清洁技术的重视。而精神文明在现代社会中，则体现为对多元文化的包容、对社会公正的追求和对个体尊严的重视。在信息时代，精神文明更加强调信息自由的流通、知识的普及和创意的激发。

物质文明和精神文明的演变，不仅彰显了人类社会的发展历程，也反映了人类对于自身与环境关系的不断深化的理解。在现代化的过程中，两者的协调发展成为实现社会全面进步的关键。科技发展在此过程中扮演了至关重要的角色，既是推动物质文明进步的动力，也是促进精神文明丰富多样化的工具。因此，深入理解并推动"两个文明"的协调发展，是实现人类社会和谐与可持续发展的必由之路。

（二）"两个文明"的新时代内涵

在新时代的背景下，"两个文明"——物质文明和精神文明的概念经历了显著的更新和重新诠释，特别是在它们与现代社会的联系和作用方面。新时代不仅要求经济和技术的快速发展，也强调人的全面发展和社会的和谐进步，从而赋予了这两个概念更加深刻和丰富的内涵。在推进中国式现代化的过程中，物质文明与精神文明构成了两个关键的维度。这两者的关系可比喻为车辆的双轮和鸟类的双翼，它们需要同步前进、协调飞翔。新时代新征程上，面临新形势和新任务，只有切实处理好这两个文明的协调发展问题，使其同向而行、相得益彰、共同发展，才能以中国式现代化全面推进中华民族伟大复兴。①

物质文明在新时代的内涵已经超越了单纯的物质财富和工业生产能力的积累。现代社会对物质文明的理解更加注重可持续性和环境友好性。随着全球气候变化和生态危机的加剧，绿色发展、循环经济和清洁能源等概念逐渐成为物质文明发展的重要组成部分。这意味着在追求经济增长的同时，也要确保资源的有效利用和环境的长期健康。因此，技术创新在物质文明的发展中不仅要实现生产力的提升，还要保证生态的可持续性，如通过发展可再生能源技术减少对化石燃料的依赖，通过智能制造减少资源浪费和环境污染。

精神文明在新时代也呈现出新的特点和要求。精神文明不再仅仅被视为文化、艺术和哲学的集合，而是涵盖了个人的道德素养、社会的价值观念、公民的法治意识以及国家的文化软实力等多个方面。随着信息技术的发展和全球化的深入，文化多样性、信息自由流通、知识的普及和创意的激发成为精神文明的重要组成部分。在这个过程中，教育的作用至关重要，它不仅传授知识和技能，更重要的是培养创新思维、批判精神和文化包容性。

中国式现代化的独特之处在于物质文明与精神文明的协同增长，这不仅是其显著标志，也是满足人民对美好生活向往的关键。"两个文明"的互相促进，共同铸就了人类文明的多样性和丰富性。立足于马克思主义的社会主义现代化追求的是社会全面向前和个人全面自由发展的目标，这一目标旨在通过推动经济的高效增长强化国家的经济基础，丰富物质文明；同时，通过发展社会主义文化增强文化的吸引力，促进精神文明的成熟，以实现二者的和谐发展。习近平总书记强调，中国式现代化体现在物质文明和精神文明的同步提升上，物质丰裕与精神充实是社会主义现代化的双重目标。在社会主义视野中，物质和精神的匮乏都是不可取的，而物质的充足与精神的丰富正体现了对社会主义现代化本质的深刻把握，这两方面

---

① 袁红英：《在"两个文明"协调发展中推进中国式现代化》，《学习月刊》2023年第 11 期。

是理解社会主义现代化核心要求的关键维度。

（三）"两个文明"在新时代中的作用与意义

在新时代的背景下，"两个文明"——物质文明和精神文明的重要性愈发凸显，它们在促进社会和谐、文化发展和国家进步方面的作用和意义不容忽视。这两个文明的协调发展不仅关系到社会的整体进步和国家的全面发展，而且与每个个体的福祉密切相关。

物质文明的发展，作为新时代的重要组成部分，直接关系到国家的经济实力和人民的物质生活水平。随着科技的迅速发展和全球化的深入，物质文明的进步不仅仅体现在传统的工业产量和经济增长上，更体现在对生态环境的保护、可持续资源的利用以及高质量生活方式的创造上。物质文明的提升，为社会提供了更加丰富的物质资源，使得人民能够享受到更高标准的生活质量，同时也为精神文明的发展提供了坚实的基础。

而精神文明的进步，尤其在新时代中，其重要性不亚于物质文明。精神文明涉及教育、文化、艺术、伦理道德和社会价值观等方面，是一个国家文化软实力和社会凝聚力的重要体现。在科技迅猛发展的今天，精神文明在引导社会思潮、塑造国民身份、维护社会稳定以及推动文化多样性等方面扮演着不可替代的角色。它不仅丰富了人们的精神世界，还促进了社会的和谐与进步，为物质文明的可持续发展提供了道德和文化支撑。

在新时代，"两个文明"的协调发展显得尤为重要。物质文明的发展为精神文明提供物质基础，而精神文明的进步又可以引导物质文明的健康发展，避免单一的物质追求带来的社会问题。例如，科技发展在带动经济增长的同时，也可能引发环境污染和资源过度消耗的问题，而精神文明的发展则能够引导公众意识到环保的重要性，推动社会形成可持续发展的共识。同样，精神文明的提升也需要物质文明的支持，如通过现代化的教育设施和信息技术，使得文化和知识的传播更为广泛和深入。

下面通过图示的方式简单阐述物质文明和精神文明之间的关系，如图5-1所示。

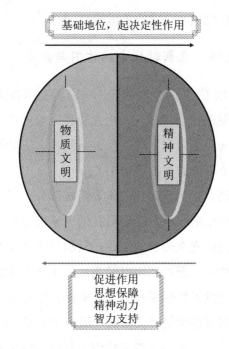

图 5-1　两个文明之间的关系

二、"两个文明"协调发展现代化的可行性

（一）"两个文明"的相互联系及与中国式现代化的关系

物质文明和精神文明之间不是孤立的，它们之间存在着复杂的动态互动，这种互动不仅影响着社会的整体发展，还塑造着个体的生活方式和价值观念。

一方面物质文明的进步为精神文明的发展提供了必要的物质基础。例如，经济的繁荣使得更多的资源可以被投入教育、艺术和文化活动中，从而丰富人们的精神生活。科技的发展，如互联网和新媒体技术，为文化艺术的传播和交流提供了新的平台，促进了文化多样性的发展。此外，物质文明的进步也提高了人们的生活水平，使得人们有更多的时间和精力去追求精神层面的满足和发展。

　　另一方面，精神文明对物质文明也有着重要的反馈和促进作用。精神文明涵盖了教育、伦理道德、艺术、宗教和哲学等方面，它影响着人们的价值观念、行为模式和社会规范。发展成熟的精神文明可以引导物质文明的健康发展方向，避免物质追求的盲目性和过度消费。例如，环保意识的提升促使人们在追求经济增长的同时，更加注重生态保护和可持续发展。

　　再一方面精神文明的发展还能激发创新精神和创造力，从而为物质文明的进步提供动力和灵感。随着全球化和信息化的发展，物质文明和精神文明之间的互动变得更加紧密和复杂。物质文明的快速发展带来了前所未有的机遇和挑战，比如数字鸿沟和环境污染等问题，而这些问题又需要通过精神文明的进步来寻找解决方案。同时，精神文明的发展也需要物质文明提供的技术支持和物质资源。

　　我们要发展社会主义性质的现代化，是以推进实现人自由而全面的发展为终极追求的现代化，这也是社会主义现代化区别于资本主义现代化的显著标志。正如习近平总书记所强调的："现代化的最终目标是实现人自由而全面的发展。"人自由而全面的发展，意味着人们的智力和体力、能力和个性都实现了自由而全面的充分发展，这必然要建立在社会物质文明和精神文明都呈现出高度发达、协调发展状态的基础之上。而丰富人的精神世界作为推进实现人自由而全面的发展的重要内容，既是中国式现代化不同于资本主义现代化的显著优势，也是中国式现代化更为崇高的历史使命和价值追求。中国式现代化是物质文明和精神文明相协调的现代化，意味着人的现代化也必然是要追求物质生活与精神生活的协调发展。这种协调发展，需要更好回应人民各方面诉求和多层次需要，不仅追求物质发展，还要实现精神富足；不仅追求人与自然的和谐共生，还要追求人与人的和睦相处。[①]

---

① 袁红英：《在"两个文明"协调发展中推进中国式现代化》，《学习月刊》2023年第11期。

（二）"两个文明"协调发展现代化的可行性举措

习近平总书记在文化传承发展座谈会上的重要讲话中明确强调："中国式现代化是强国建设、民族复兴的康庄大道。"在新时代的征途上，为了稳步实现建设社会主义现代化强国和中华民族伟大复兴的奋斗目标，我们必须坚定不移地推进物质文明与精神文明的协调发展。

在中国共产党的全面领导下，推动物质文明和精神文明的协调发展。"火车跑得快，全靠车头带。"中国共产党作为中国式现代化建设的领导核心，对于确保中国式现代化的基本方向、前景命运和成败具有直接影响。"坚持党的领导，是党和国家的根本所在、命脉所在，是全国各族人民的利益所系、幸福所系。[1]我们推进的现代化，是在中国共产党领导下的社会主义现代化。不断巩固和加强党对国家和社会生活的领导，是我国社会主义现代化建设的内在要求。坚定不移地坚持党的领导，全面落实到物质文明和精神文明建设的每一个领域，是确保中国式现代化沿着正确轨道前进的关键。

在看待中国式现代化发展时，我们必须以辩证、全面的眼光来审视物质文明和精神文明。这两者在中国式现代化进程中是相辅相成、密不可分的。它们在全过程中相互依存，相互促进。为了实现全面发展，我们不仅要深化物质文明，夯实人民幸福生活的物质基础，还要积极推动社会主义先进文化的发展，加强理想信念教育，传承中华优秀传统文化，促进人的全面发展。平衡地看待"两个文明"，正确处理它们之间可能存在的不平衡性和不同步性，是确保二者真正协调发展的关键。这样，我们才能共同推动社会持续、稳定、健康地发展。

在推动中国式现代化的过程中，我们应把满足人民对美好生活的追求作为核心目标。人民是国家的基础，他们的需求和福祉应该被放在首位。为了实现这一目标，我们需要促进物质的丰富和精神的全面发展。我们应

---

① 任初轩：《如何弘扬伟大的历史主动精神》，人民日报出版社，2022，第263页。

将物质文明与精神文明的发展视为一个整体，它们相互依存、相互促进。物质文明的发展提供了人民幸福生活的物质基础，而精神文明的发展则满足了人民的精神需求，促进人的全面发展。当前，我国社会的主要矛盾是人民日益增长的美好生活需要和不平衡不充分的发展之间的矛盾。解决这一矛盾的关键在于推进中国式现代化，从物质和精神层面全方位满足人民对美好生活的需求。为了实现这一目标，我们需要关注群众的实际问题，积极解决他们关心的问题，满足他们的精神需求。通过这样的方式，我们可以在物质生活与精神生活的辩证统一中，实现人的自由而全面的发展。

三、科学技术发展的助力

在"两个文明"协调发展现代化的进程中，科技发展的助力作用不容小觑。科技不仅是推动物质文明进步的关键动力，也对精神文明的发展产生深远影响。在这一过程中，科技的作用不仅限于提升社会文明的现代化水平，更在于推动两种文明形态的和谐发展，从而为社会整体现代化进程贡献力量。

科学作为"历史的有力杠杆"和"最高意义的革命力量"。[1]通过其技术功能，科学技术不断推进社会物质文明的进步，这体现在技术创新对经济增长、产业升级和生活质量提高的直接贡献上。同时，科学技术的理性功能也在推动社会精神文明的发展中起着关键作用。这种理性功能表现在科学技术在塑造现代思维方式、促进知识传播和文化理念革新等方面的作用。

物质文明的发展，历来是科技进步的直接产物。从工业革命到信息时代，每一次科技革新都极大地推动了物质生产力的提升，改善了人类的生活条件。在现代社会中，科技的影响更加深入和广泛。例如，自动化和人工智能技术的应用极大提升了生产效率，同时也推动了新型工业的兴起。在基础设施建设方面，科技的应用使得交通更加便捷，通信更加迅速，极

---

[1] 马克思、恩格斯：《马克思恩格斯全集 第19卷》，中共中央马克思恩格斯列宁斯大林著作编译局译，人民出版社，2006，第372页。

大地缩短了人与人之间的距离。此外，科技在促进环境保护和可持续发展方面的作用也日益凸显，例如，清洁能源和绿色科技的发展有效降低了对化石燃料的依赖，减少了环境污染。

而在精神文明的发展中，科技同样起着不可替代的作用。科技的进步极大地丰富了人类的精神世界，提高了文化生活的多样性。在教育领域，网络和数字化技术的应用使得知识传播更为广泛和高效，打破了地域和经济的限制，提高了教育的普及率和质量。在文化艺术领域，新媒体技术的应用促进了文化的创新和交流，使得不同文化之间的相互理解和尊重成为可能。科技使得文化内容更加丰富多样，促进了不同文化之间的交流和相互理解。互联网和数字媒体的普及使得文化作品和知识更加易于传播，为人们提供了学习新事物和理解不同文化的机会。此外，科技还推动了艺术形式的创新，如数字艺术和虚拟现实，为人类文化的发展开辟了新的领域。同时，科技也在促进社会价值观和道德观念的形成方面发挥着重要作用，促进了公民意识的觉醒。

科技在推动"两个文明"协调发展中的作用体现在多个方面，科技发展应被视为推动社会全面现代化的关键要素，需要在促进物质文明的同时，也重视其对精神文明的贡献。科技为物质文明的发展提供了强大的发展动力。通过提升生产效率和生活质量，科技使得人们有更多的资源和空间来关注和发展精神文明。科技的进步促进了两种文明形态之间的相互作用和融合，在社会全面现代化的进程中，科技发展的助力作用不仅体现在推动经济增长和提高生活水平上，更体现在促进社会和谐和文化繁荣。通过科技创新和应用，我们不仅能够实现经济的繁荣和生活的便利，还能够促进文化的多样性、社会的和谐以及价值观的提升，从而实现人类社会的全面进步和和谐发展。

第二节 科学技术发展对"两个文明"建设的作用

一、科学技术发展对物质文明建设的作用

习近平总书记指出:"没有坚实的物质技术基础,就不可能全面建成社会主义现代化强国。"为了建设社会主义现代化强国并实现中国式的现代化,经济社会的物质积累及其全面丰富是至关重要的。这一过程涉及经济发展的各个方面,其中科技发展是促进高质量物质文明发展的基础。在推进中国式现代化的道路上,首要任务是大力发展物质文明,这本质上要求不断解放和发展生产力。

历史经验表明,生产力的全面提升是各国实现现代化的关键前提。通过科技创新推动生产力的飞跃发展,可以创造出比资本主义现代化更加丰盈、高效和环境友好的物质财富。这种以科技发展为核心的策略不仅强调经济增长的速度和规模,而且着重于经济发展的质量和可持续性。因此,科技发展在推动物质文明发展中发挥着核心和决定性的作用,是实现中国式现代化的关键因素。

(一)提高生产力的科技创新

科技进步在提高生产力方面发挥着至关重要的作用,其影响深远地推动了物质文明的发展。在现代社会,随着新技术的不断涌现,我们见证了生产方式的根本性变革,这些变革不仅提高了生产效率,还创新了生产方法,从而极大地推动了物质文明的进步。

科技进步通过引入新技术,极大提高了生产效率。在工业制造领域,自动化技术和智能制造系统的应用减少了人力劳动的需求,同时提高了生产过程的精准度和一致性。例如,使用机器人和自动化装配线的工厂能够

在更短的时间内生产出更多的产品，且产品质量更加稳定。此外，信息技术的应用，如物联网和大数据分析，使得生产过程更加智能化，企业能够根据市场需求实时调整生产计划，从而减少资源浪费并提高市场响应速度。

科技创新还推动了生产方法的革新。在农业领域，现代生物技术和精准农业技术的应用使得农作物的产量和品质显著提升，同时减少了对环境的不利影响。在能源领域，可再生能源技术的发展，如太阳能和风能，不仅满足了人们对能源的需求，还有助于减少对化石燃料的依赖，降低环境污染。此外，数字化和网络化的生产方式也正在改变传统行业的面貌，企业通过数字化平台实现资源的最优配置，提高了整个产业链的运作效率。

这些由科技进步带来的变革对物质文明的发展产生了深远影响。首先，提高了人类社会的整体生产力，使得人们能够以更低的成本获得更多的物质财富。其次，科技的发展推动了经济结构的转型，促进了新兴产业的兴起和传统产业的升级，为经济的可持续发展提供了新的动力。最后，科技进步还改善了人们的生活质量，通过提供更加丰富和便捷的商品和服务，使得人们的生活更加舒适和便利。

通过不断的技术创新和应用，科技不仅改变了生产方式，提高了生产效率，还推动了经济和社会的全面进步，为实现人类社会的现代化奠定了坚实的基础。

（二）提高生活质量的科技应用

科技在改善日常生活质量方面的应用是其对物质文明建设作用的重要体现。在健康、教育、住房和休闲等多个领域，技术创新不断地改进着居民的生活方式，提高着生活的舒适度和便利性。

在健康领域，科技的进步带来了医疗服务领域的革命。通过先进的医疗设备和技术，如 MRI 扫描、遗传工程和远程医疗服务，疾病的诊断和治疗变得更为精准和高效。数字健康平台和移动医疗应用使得健康管理更加便捷，患者可以轻松地追踪自己的健康状况并及时获得专业建议。此外，大数据和人工智能技术的应用还在推动个性化医疗和预防医学的发展，从而提升了整体的医疗服务水平和健康管理效率。

教育领域的科技应用也在不断地推动教育方式的创新。在线教育平台和数字学习工具使得学习资源更加丰富和普及，学习者不再受限于地理位置和时间。虚拟现实和增强现实技术的引入，为学习提供了更加生动的互动体验。此外，通过数据分析和人工智能，教育内容能够更好地适应个体学习者的需求，实现个性化学习路径的设计。

在住房领域，智能家居技术的发展正改变着居家生活的样貌。智能家居系统能够根据居住者的习惯和偏好自动调节室内环境，如温度、照明和安全系统。

休闲领域中，科技同样发挥着重要作用。数字娱乐如在线视频、游戏和社交媒体提供了丰富多彩的娱乐选择，满足了不同人群的需求。同时，科技还使得旅游和户外活动变得更加便捷和安全，如 GPS 定位和移动支付等技术的应用，极大地提升了人们的休闲体验。

（三）促进经济增长的科技动力

科技作为推动经济增长的重要动力，在促进产业升级、探索新的经济领域和增加就业机会方面发挥着关键作用。这一影响不仅体现在经济数据的增长上，更体现在经济结构的优化和经济模式的创新上。

科技在促进产业升级方面发挥着至关重要的作用。随着新技术的发展，如大数据、人工智能、云计算等，传统产业正在经历一场深刻的变革。这些技术的应用使得生产过程更加智能化、高效化，提高了产品的质量和生产的灵活性。例如，在制造业领域，智能制造系统的引入不仅提高了生产效率，还通过精准的市场分析和需求预测，使得产品更加贴合市场需求。此外，信息技术的运用还使得供应链管理更为高效，减少了库存成本，提高了整个产业链的响应速度和协调性。

科技创新是探索新的经济领域和增加就业机会方面的重要推动力。随着技术的发展，许多之前不存在的行业和职业开始出现，如网络安全、数据分析、人工智能开发等。这些新兴领域不仅为经济增长提供了新的动力，也为就业市场创造了大量新的机会。例如，数字经济的兴起正在改变消费模式和商业模式，创造了新的市场空间。同时，科技创新也在推动传统行业的转型，如电子商务和在线服务的发展，为传统零售和服务业带来了新的生机。

科技在推动经济全球化方面也起着重要作用。通过互联网和通信技术，全球市场变得更加紧密相连，国际贸易和投资活动更为频繁。这不仅使得资源能够更加高效地在全球范围内配置，也为不同国家和地区的经济发展提供了新的机遇。科技的发展促进了全球经济一体化，使得世界经济更加紧密相连。

二、科学技术发展对精神文明建设的作用

科学技术的发展对精神文明建设产生了深刻且多元的影响，这种影响既广泛又深入，触及了社会的各个层面。我们将聚焦于三个关键领域——教育的革新、文化传承与创新以及科技对社会价值观和意识形态的影响，以展示科技如何深刻地塑造着我们的精神世界和文化景观。

（一）科技在教育领域的革新作用

科技在教育领域的革新作用体现了科学技术对精神文明建设的深刻影响。随着信息技术的迅速发展，传统的教育方式和教育质量正在经历前所未有的变革。

在线教育的发展是科技革新在教育领域最显著的体现之一。通过互联网平台，学习资源不再受地理位置的限制，优质的教育资源得以跨越空间障碍，为全球学习者提供。这不仅提高了教育的可及性，也使得教育更加平等。例如，远程教育平台提供了来自世界各地顶尖大学的课程，使得任何拥有网络连接的人都能接触到这些高质量的教学资源。此外，在线教育平台通过灵活的学习时间安排，使得学习者可以根据自己的节奏进行学习，这对于那些需要兼顾工作和学习的人来说尤其重要。

教育资源的数字化也极大地推动了教育方式的革新。电子书籍、在线教学视频、互动软件和教育应用程序等数字资源使得学习更加多元化和生动。这些资源不仅丰富了教学内容，还提供了更多互动和参与式学习的机会。数字化教育工具，如智能教学系统和虚拟实验室，使得学生能够以更加直观的方式学习复杂的概念和技能。

个性化学习方法的创新是科技改善教育质量的又一重要方面。基于大数据和人工智能技术的教育平台能够根据学生的学习习惯和进度提供定制化的学习计划和资源。这种个性化的学习方法能够更有效地满足不同学生的需求，提高学习效率。例如，智能教育软件可以通过分析学生的答题情况，识别他们的弱点，然后提供针对性的练习和教学内容。

（二）科技与文化传承和创新的互动

在保存和传承文化遗产，以及促进文化创新方面，科技发挥着日益重要的角色。

科技在文化遗产保护和传承方面发挥着关键作用。随着数字化技术的发展，许多传统的文化遗产得以以数字形式保存，使得这些珍贵的文化资源不受时间和空间的限制被广泛传播。例如，数字博物馆和虚拟展览使得人们可以不受地理限制地访问世界各地的博物馆和艺术展览，极大地扩展了文化传承的范围和影响。此外，高精度扫描和三维建模技术使得古迹和艺术品得以高质量地数字化保存，即使原物受损或消失，这些数字化的记录也能为后人留下宝贵的文化信息。

在新媒体艺术领域，科技的应用推动了艺术形式的创新和多样化。数字技术、虚拟现实和增强现实等技术不仅为艺术家提供了新的创作工具，也拓展了艺术表现的边界。这些技术使得艺术作品可以超越传统的物理形式，创造出更加具有互动性和沉浸式的体验。例如，虚拟现实艺术作品允许观众进入一个虚拟构建的世界，亲身体验艺术创作者的想象。这种新型艺术形式不仅丰富了文化内容，也吸引了更多年轻一代的参与和兴趣。

在文化产业方面，科技同样推动了产业的创新和发展。随着互联网和移动通信技术的普及，新的文化消费模式和文化市场正在形成。在线视频、数字音乐和电子书等新兴文化产品满足了现代消费者对于即时和便捷文化内容的需求。此外，社交媒体和内容分享平台也成为文化创意的重要舞台，使得更多的人能够参与到文化创作和分享中来，推动了文化的民主化和多元化发展。

通过技术的应用，传统文化得以保存和传播，新媒体艺术和文化产业得以创新和发展。科技不仅促进了文化内容的多样化，也为文化的传播和接受提供了新的途径和方式。

（三）科技对社会价值观念和意识形态的影响

科技进步对社会价值观念和意识形态的影响深远而广泛，它不仅改变了信息的传播方式，还重塑了公共舆论的形成过程和社会的认知结构。

科技对信息传播方式的变革直接影响着社会价值观的形成和传播。在数字时代，获取和传播信息的速度与便利性达到了前所未有的水平。社交媒体、网络新闻和博客等平台极大地拓宽了信息传播的渠道，使得不同的观点和信息能够迅速传播至全球各个角落。这种信息的快速流动不仅加速了新思想和新观念的传播，也使得社会对于多元价值观的接受度提高。然而，这种信息传播的快速性和广泛性也带来了信息过载和虚假信息传播的问题，这对社会价值观的形成和维护提出了新的挑战。

科技在公共舆论的形成中扮演着重要角色。通过网络和社交媒体，普通公众能够更加直接和快速地参与到公共事务的讨论中，形成广泛的公共舆论。这种民主化的信息传播和讨论机制使得社会对于各种事件和议题的反应更为迅速和敏感，也使得政府和企业对公众意见的回应更加重视。同时，这也促进了社会公正和透明度的提升，因为公共舆论的压力能够促使权力机构和企业对其行为进行自我监督和调整。

科技在塑造社会认知方面也起着至关重要的作用。在教育和媒体领域，科技的应用改变了人们获取知识和信息的方式，从而影响着人们的世界观和认知方式。例如，互联网使得人们能够轻松接触到不同文化和思想，增强了对多元文化的理解和包容。同时，科技进步也推动了科学精神和批判性思维的普及，促进了社会对于事实和真相的追求。

第三节 科技自立自强促进"两个文明"协调发展

一、科技自立自强与"两个文明"协调发展的战略意义

高水平的科技自立自强是促进"两个文明"协调发展的关键战略支撑。这一战略的核心在于培育和加强国内科技创新能力，推动科技成果的转化和应用，以及在全球科技领域中建立更加坚实的竞争地位。这不仅涉及科学技术本身的发展，还包括对科技人才的培养、创新体系的构建和科技政策的完善。通过这种自立自强，中国能够在世界科技舞台上占据更加重要的位置，同时为经济社会发展提供强有力的科技支持。

物质文明和精神文明的协调发展是中国式现代化的一个独有特征。这一特征与西方的"物质至上"现代化模式形成鲜明对比。在中国式现代化中，物质文明的发展旨在提高人民的生活水平和经济实力，而精神文明的发展则注重提升社会文化素质、道德规范和精神追求。这种协调发展策略强调经济发展和文化、道德、社会价值观的同步提升，旨在实现更加全面和谐的社会进步。

（一）科技自立自强的物质特性

科技自立自强需要扎根实体经济，而实体经济是实现物质文明的重要抓手。实体经济，作为一国经济发展的基石和财富的源泉，对于构筑现代化的物质技术基础至关重要。党的十九大报告指出，"必须把发展经济的着力点放在实体经济上。"[1]党的二十大报告进一步强调，"坚持把发展经济

---

[1] 李玉珍、张元强：《让产业插上智能化的翅膀——黑龙江七星农场建设水稻供应链促进科学发展纪实》，《经济视野》2018年第6期。

的着力点放在实体经济上，推进新型工业化，加快建设制造强国、质量强国、航天强国、交通强国、网络强国、数字中国。"①在中国现代化进程中，实体经济作为物质基础的核心，对于推进中国式现代化和实现中华民族伟大复兴扮演了关键角色。随着科技创新深入实体经济与产业发展，技术创新成为推动创新驱动发展战略的核心力量。技术，作为生产的关键要素，其重要性不亚于劳动和资本，甚至在某些方面发挥着更为决定性的作用。技术的进步不仅促进了产业的转型与升级，还实现了生产要素配比和生产过程的系统性重组及优化。

科技自立自强在探索中国新型工业化路径中起着至关重要的指导作用，这种新型工业化是实现中国式现代化丰富物质基础的紧迫需求。工业化的核心在于通过对关键生产要素进行先进的重组，实现经济生产从基础到先进水平的根本转变，从而推动经济增长。推进新型工业化是实现物质繁荣的核心途径。在中国共产党的领导下，工业化及其现代化一直是国民经济发展稳定的关键。十八大以来，面临现代化进程中不平衡不协调发展的挑战，中央政府倡导新型工业化道路，强调工业化、信息化、城镇化、农业现代化的协同进展。新型工业化注重产业的先进化、智能化、环保化、集成化，依托科技创新和产业改革，以及本土产业链创新支撑新型工业化发展。目前，中国处于工业化中后期，尽管取得显著进展，但工业化发展不平衡不充分的问题仍然存在。近年来，特别是在中西部地区，"去工业化"趋势和资源配置不均衡导致了增长差异和核心技术突破的难题。因此，引导科技创新的新型工业化路径，避免过早的"去工业化"，确保经济结构合理化，对于实现物质繁荣至关重要。

科技自立自强在推动现代化产业体系建设中起着决定性作用，这一建设是物质文明构建的核心任务。随着中国迈向全面建设社会主义现代化的新阶段，快速发展现代经济体系显得尤为迫切。在此背景下，现代产业体系成为关键，它是供给创新和生产扩展的核心。建立现代化产业体系要求

---

① 本书编写组编著：《2022党的二十大报告关键词》，党建读物出版社，2022，第57页。

依靠创新驱动提升实体经济的供给质量和实现其高质量增长，这涉及提升产业基础的高级化、产业结构的专业化以及产业链与供应链的现代化。

科技创新是现代化产业体系建设的关键。首先是形成产业链和创新链之间的紧密结合。这要求通过创新驱动的产业体系，促进产业和创新的相互作用，确保科技创新与产业进步相得益彰。其次，关键在于实现数字经济与传统产业的无缝对接，这需要利用数据资源激发新的生产动力，优化产业体系内部的资源配置并积累创新成果。最终，探索产业集群与高新技术产业相结合的发展新模式成为重点，通过将现代农业、服务业与高端制造业的融合，促进产业多样化和集群发展，形成融合发展的产业格局。

（二）科技自立自强的精神特性

在迈向中国式现代化的过程中，强大的物质基础和高度发达的精神文明是同等重要的。发展成熟的社会主义精神文明和建立文化强国，不仅是内在的需求，也是实现中国式现代化的关键环节。当前阶段，中国在继承和刷新传统文化精粹、促进精神文明进步、增强国民文化自信和认同感方面取得了突出进展，国家的文化软实力稳步增强，构筑了汇聚民族精神的共鸣，成为激励中华民族的精神纽带。

科技创新在社会文化发展中起着至关重要的作用，科技文明的推动对精神文明的发展形成了深远影响。科技创新不仅是人类智慧和创造力的展现，它还通过促进人类思维方式、社会文化模式及经济架构的变革，为精神文明的进步开辟了新视野。此外，科技创新为精神文明的广泛传播提供了更加高效的渠道和环境，技术的进步消除了时间和空间的限制，促进了物质文明与精神文明、政治和生态等多领域的深度融合。因此，科技创新与精神文明的建设相得益彰，共同促进了社会的全面进步。

在当今经济和社会环境发展的背景下，物质财富作为经济社会发展的重要基础持续积累，而精神文明在科技创新的推动下逐步塑造了人们的认知和行为模式，逐渐成为塑造时代风貌的关键力量。在新的发展阶段，形成新的发展格局需要深化精神文明的建设与科技创新的有机结合，这对于

实现高质量发展至关重要。面对复杂多变的外部环境，推动具有中国特色
精神文明特质的现代化建设，必须坚守"中国特色"，通过科技创新引导
和加强社会主义核心价值观的普及与赞颂，构建更具影响力的主流舆论格
局，打造具有强大凝聚力和领导力的社会主义思想体系。在国际交流中，
重在构建以中国思想为基础的话语体系，推动与各国的平等互鉴，明确立
场，实现国际关系中的均衡对话，确保科技交流与合作不受"脱钩断链"
的威胁。

二、构建科技自主创新体系，促进"两个文明"协调发展

全球正面临百年未有之大变局、地缘政治竞争日益激烈以及逆全球
化浪潮上升的大背景下，中国共产党针对这些挑战作出了审时度势的决
策，明确提出要实现科技自立自强的战略目标。这一战略决策不单是对中
国创新体系的战略引导，更是新时代中国科技发展的核心指导思想和战略
重点。

面对这些挑战，增强责任感和使命感显得尤为关键。视科技自立自
强为推动中国现代化进程的战略基石，是由创新驱动向创新领导转变的核
心。在这一转变过程中，着力构建非对称竞争优势和加速战略性科技布局
是必不可少的。科技创新不仅需要在经济、社会、文化及生态全方位赋
能，而且是把握和领导新一轮科技与产业革命竞争的关键。这一战略不仅
旨在把握新技术革命的主动权，更对实现中国的长期发展目标和建设社会
主义现代化国家产生深远影响，既提供坚实的物质基础，也确保了精神动
力的持续供给。

（一）加强顶层规划，妥善处理政府与"物质文明和精神文明"协同发展的关系

在加强科技自立自强的战略布局中，恰当协调政府作用与社会主义物
质文明与精神文明的协调发展之间的关系显得尤为重要。这包含了依靠积
极的政府介入来构建创新的体制框架，并最大化地利用市场机制以高效配

置科技创新的资源。中国科技创新的持续进步本质上得益于体制机制创新与科技创新双轮驱动的协同效应，其中顶层体制设计起到了决定性作用。

　　科技自立自强不仅是推进中国式现代化建设的关键，也要求清晰界定政府与市场在功能和资源分配上的职责与界限。

　　1.坚持中国共产党领导的核心地位是实现中国式现代化的根本。科技创新的培养、发展与积累依赖于国家和企业共同建立的创新生态。为了达到高水平的科技自立自强，需要政府在国家战略、安全及产业关键技术等领域内扮演基础和战略决策的角色。

　　2.政府的责任在于促进现代产业体系的成长，引导科技先导企业和全球级企业在建立具备原始创新能力和关键技术协同攻关的创新体系中起领导作用。从制度角度看，顶层设计对于科技创新是至关重要的保障。市场在资源配置中的核心作用应得到发挥，同时要充分利用社会主义市场经济体制下的国家制度优势。实际操作中，寻求"有效市场"与"积极政府"最优结合，是为中国式现代化提供强有力的制度支持的关键。

（二）多维度布局，全方位构建创新生态体系

　　国家战略科技力量，在推动中国迈向创新型国家前沿和构建科技强国中起着核心作用。在中国式现代化的进程中，调整和优化国家科技战略力量的架构，清晰界定国家实验室、科研院所、研究型高等院校、科技先锋企业等各类科技机构的关键职责，是确保产业链和供应链畅通无阻、本土产业体系在关键技术领域实现协同创新的根本，同时也在资源配置上带来效益显著的优化。

　　企业作为科技创新领域的基础动力，根据其规模和产权性质表现出创新模式和动力的多样性。因此，对于不同类型和规模的企业，打造一个满足各层面科技创新需求的复合型创新生态系统变得至关重要，以建立一个健康且多样化的产业创新群体。大型及国有企业借助较强的风险抗压能力和资金流优势，在战略性、长周期、颠覆性和共性技术研发上取得先机；而中小型企业则侧重于中短期创新成果的实现和关键技术的突破。故提

出，围绕技术战略周期（如"中短期—长期"目标）及技术特性（包括关键核心技术、颠覆性技术等）构建多层次、多维度的创新生态，以促进不同规模和性质企业间的分工合作和共同进步。通过融合产业链与创新链，企业层面的创新活动可转化为国家创新系统的关键驱动力，对于在"企业—产业—国家"维度上支撑中国式现代化建设发挥关键作用。

（三）以民为本驱动科技治理，以善为本打造自立自强

在科技创新的实践中，将民众福祉作为核心，突出了经济发展与社会伦理的相互渗透和影响。这一准则要求科技成果和过程应考虑社会伦理影响，接受相应的社会监督，引导科技创新向着更加人性化的方向发展。此理念不仅丰富了中国式现代化的文化内涵，也指向了一种超越简单满足人类弱点的现代社会文明形态，强调科技进步必须紧密联系社会需求和公众利益。

在以民为本的导向下，科技创新过程中必须内化伦理道德的约束，其核心目标转化成为社会创造价值，从而抵制资本主导逻辑的潜在负面影响。科技发展必须围绕以民为本的价值取向，解决个人主义与集体主义的冲突，整合信念伦理与责任伦理，积极应对科技进步可能引发的问题。此外，以民为本还强调建立科技伦理框架，确保中华优秀传统文化和社会主义核心价值观对科技参与者的正面引导。

加强以善为核心的价值导向，促进产业和科技治理的正向发展。这意味着对新兴技术进行伦理审视，建立评估机制，从根本上确保科技在助推中国式现代化进程中发挥积极作用。通过这种方式，科技创新不仅是技术的进步，也是对社会伦理价值的体现和促进，为中国式现代化提供了道德和文化的支撑。

（四）增强自信，深化国际科技互动与协作

在推进"两个文明"协调发展的征途中，中国积极强化与世界各国的互动与协作，尤其在科技创新的广阔领域内。这涉及积极利用科技外交等

多元机制，融入全球创新网络，从国际视野出发制定科技创新策略，并持开放包容的姿态深化国际科技合作与支持。借助于共建人类命运共同体的广阔视野，中国致力于构筑一个开放的创新生态系统，目标是在开放的创新环境中自主研发高水平的原创性技术。此努力不仅是中国向产业高级化和现代化进阶的关键步骤，同时也代表着对全球发展新格局的积极探索与贡献。

开放式创新环境中的内源性原创技术自给，意味着在一个相互交流、合作与竞争共存的生态系统中，创新源自内部动力与外部启发的有机结合。这种创新模式能有效突破产业发展的传统局限，如单一依赖外部技术引进或模仿路径的低端锁定，转而通过原创技术和创新驱动，提升产业的核心竞争力。

中国正在全球价值链中实现关键性的转型，不断突破"低端锁定"，努力在更多产业成为全球价值链的"头雁"。这一转变不仅铺垫了中国式现代化的物质与技术基础，同时也显著增强了中国在国际经济体系中的作用和影响力。在当前全球化背景下遭遇的挑战，特别是面对西方国家实施的"脱钩"政策和阻隔措施，中国的科技发展正面临未曾有过的挑战与不确定性。尽管情势严峻，但中国仍应保持积极主动的姿态，深化参与全球科技治理，积极争取在国际科技领域中的影响力，特别是在技术标准等关键方面。中国持续推崇互利共赢的合作理念，促进多边合作模式，倡导一个开放和包容的国际科技交流氛围。这样的努力旨在应对外部挑战，同时促进全球科技的共同进步和科技治理体系的优化。中国在国际科技舞台上扮演的角色应是建设性和合作性的，旨在形成以合作共赢为核心的国际科技合作新局面。

第六章　科学技术发展助力
国家治理现代化

第一节　国家治理的概念、本质与目标

一、国家治理的内涵及核心要素

国家治理作为一个多维度的概念，涵盖了政府在各个层面上管理和指导国家的社会与经济事务。它的核心在于确保国家的稳定与发展，同时保持社会的和谐与进步。国家治理不仅仅是政府行为的简单总和，还包括多种参与主体，如政府、社会组织、企业、公民等，这是一个更为复杂和动态的过程，涉及多方面的参与者和机制。

在定义国家治理时，我们必须认识到它不只是政府的行政管理工作。尽管政府在国家治理中扮演着中心角色，负责制定和实施政策，但国家治理的范畴远远超出了传统的政府职能。它包括政府与民间组织、市场实体、公民以及国际社会的互动和协作。这种互动可以在多个层面发生，包括地方、国家和全球层面，每个层面都对国家治理的总体效果产生影响。

　　国家治理的目标在于创造一个稳定、繁荣和公正的社会环境。为了实现这一目标，政府需要有效地制定和实施公共政策，同时保证政策的透明性和公平性。这意味着政府决策过程必须考虑到社会各界的利益和意见，确保政策既反映了民意，也符合国家的长期利益。政府的角色在国家治理中至关重要。作为政策的制定者和执行者，政府负责确保国家的稳定、安全和福祉。政府需要在决策过程中考虑经济、社会和环境等多方面的因素，制定全面且持久的政策。为此，政府必须具备高效的组织结构、清晰的决策程序、透明的信息公开机制以及对公众意见的开放态度。

　　在国家治理的过程中，政策的制定和执行需要遵循法治原则，确保所有的行动和决策都建立在法律的基础之上。法治和制度建设是国家治理的一大基石。健全的法律体系确保了政府行为的合法性，为公民权利提供保护，并为社会交往设定规则。法治不仅意味着法律的存在，更重要的是法律的公正执行和遵守。法治不仅为政府行为提供了框架和指导，也为民间组织和公民提供了参与和监督政府的渠道。同时还有助于保护公民的基本权利和自由，维护社会秩序和稳定。此外，制度建设涉及构建透明、高效的政府运作机制，确保权力的分立和制衡，以及建立健全的监督和问责体系。

　　国家治理还涉及与民间组织和市场实体的合作。这种合作可以在多个领域进行，例如在经济发展、社会福利、教育、环境保护等方面。民间组织在国家治理中的作用日益凸显。它们能够在特定领域提供专业知识和技术支持，为社会问题提供创新的解决方案。民间组织的参与有助于增强政策的有效性和灵活性，同时也能促进公民社会的健康发展。通过与民间组织和市场实体的合作，政府能够更有效地利用资源，响应社会需求，并促进社会创新和进步。

　　市场实体，如企业和商业组织，也是国家治理中不可或缺的一部分。它们在经济发展、就业创造和技术创新等方面发挥着关键作用。政府需要通过制定合理的政策和法规来引导市场活动，促进经济的健康和可持续发展。

公民的参与也是国家治理的一个关键组成部分。非政府组织、志愿者团体、专业协会等，都在政策制定和实施过程中发挥着重要作用。公民的参与不仅为政府提供反馈和建议，还参与到社会服务和公共事务中，增强了社会的凝聚力和韧性。公民参与不仅指的是选举和政治活动，还包括在政策制定过程中的参与、社区服务、公共讨论等。公民的积极参与有助于增强政府的责任感和透明度，同时也促进了社会的民主化和公民意识的提升。

在现代社会中，国家治理面临着诸多挑战和机遇。全球化、数字化、环境变化等因素都对国家治理提出了新的要求。在这样的背景下，国家治理不仅需要应对内部的社会和经济问题，还要处理国际事务和全球性挑战。这要求政府不仅要具备有效管理国内事务的能力，还要有在国际舞台上积极参与和应对全球性问题的能力。

国家持续发展和实现远大目标的关键在于有效的国家治理。成功的治理模式不仅涉及借鉴和吸收不同国家治理的经验教训，更主要依赖于本国人民的实践探索和创新。这一过程要求既尊重国家的历史文化传统，也顺应本国发展的现实需求。历史实践表明，盲目模仿他国治理模式往往难以达到预期目标。同样，单纯照搬或简单改造其他国家的所谓先进治理模式，通常也不会获得成功。有效的国家治理需要结合本国的独特历史、文化和实际发展情况，发展出适合本国特点的治理模式。

国家治理体系是一个极其复杂的系统，是一整套紧密相连、相互协调的国家制度，包含多个方面，如图 6-1 所示。

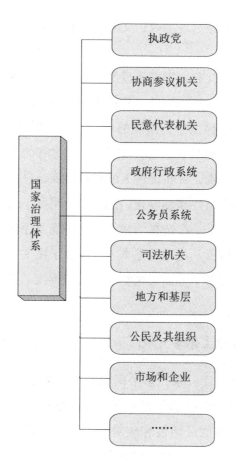

图 6-1　国家治理体系

二、现代国家治理体系的主要特征

现代国家治理体系通过全面优化传统政府管理体系，显著提高了其效率与功能性。该体系秉持公平、公正、透明的治理原则，强调政府运作的实用性，同时重视效率、智能化、连续性及可持续性。

现代国家治理展现出五个鲜明的特征：一是治理主体的多元化，体现在治理实践中涉及多种不同的参与者；二是治理客体的立体化，指的是治理对象的多维度和多层次特征；三是治理目标的人本化，即将人的利益和福祉作为治理活动的核心目标；四是治理方式的规范化，强调治理过程的规则性和程序性；五是治理手段的文明化，指借助先进的技术和文明的方法来实现有效治理。

自 20 世纪 80 年代起，国家治理的转型显著体现在主体多元化的趋势上，这一转型涵盖了从传统的单一政府管理向多元参与者的共治格局的转变。在当代国家治理体系中，治理的对象已经发展到了多维的层面；"民众"不仅是治理活动的对象，也积极成为治理过程的参与者。现代国家治理的目标强调以人为本，旨在促进人的持续发展、自由和幸福的实现。治理模式强调流程的规范性和制度化，涵盖了透明度、公平性、参与性、协商性和诚信等关键原则。在选择治理策略时，既要评估其有效性，也要关注其合理性与文明程度。治理的基本方式融合了民主治理、法制治理、科技支持和文化引导等多个方面，这些要素共同铸就了现代国家治理的坚实基础。

（一）国家治理主体多元化

自 20 世纪 80 年代以来，多个国家和地区着手寻找公共权力的新配置方式，目标是通过将一部分权力下放给社会组织和私营部门等非政府实体，提升国家治理的灵活性和应对能力。这一趋势在学术界被概括为从"统治"向"治理"的转型。传统的国家治理，即"统治"，特点在于治理权力仅由统治者持有，统治者不与被统治者共享治理权力。此种模式下，治理的主体单一，即仅由统治者担任，而被统治者则处于被动接受状态。

在古代封建专制体制下，治理权力集中在君主和其国家官僚系统中，民众被排除在国家管理之外。在传统资本主义体制中，权力由总统、内阁、议会和司法构成的宽泛政府机构所专有。社会主义计划经济体制中，则由党和政府担任治理的核心角色。由于缺少法律上明确的民众参与国家管理的途径，民众往往不能直接成为治理的参与者。在这些社会结构中，治理权力高度集中于统治阶层，普通民众被置于一个较为被动的被治理状态，缺少参与国家治理的渠道和权力。

在当代社会的语境中，政治文明的进步与代议民主体制固有的限制逐渐显现，挨着科技特别是数字技术的飞速进步，公众直接参与国家治理的必要性和可能性日益增强。社会组织和各类团体不仅通过自我管理参与到社会治理中，还通过法定途径直接参与到国家治理活动中，或接受国家转移的部分公共权力，从而担任具有公共治理属性的角色。这种变革展示了国家治理范围从传统的国家机构向包括广泛社会力量的拓展，不仅涵盖了狭义上的国家治理，也包括了广义上的社会治理职能，体现了政治体系的进化和社会参与方式的创新。国家治理的主体日益呈现出多元化的特征，这一趋势在传统国家管理体制的各种形式与领域中都有所体现。这种多元化不仅涵盖了宏观的政府治理层面，还包括了特定于行政管理和对外部行政相对人的规制管理领域。这种多元化的表现形式多样，包括听证会、论证会、网络讨论、辩论、政府职能的外包、政府购买服务、志愿服务以及公私合作（PPP）等方式。

（二）国家治理客体立体化

在传统的国家治理模式中，"民众"被视为治理的主要对象。无论是中国古代的法家、儒家思想，还是西方近代的自然法学派或法哲学家们，均认为治理国家的核心在于治理民众。例如，孟子曾经提出，"劳心者治人，劳力者治于人"的观点，强调智慧和劳动在社会治理中的重要性。而西方哲学家霍布斯则在他的社会契约理论中提到，个人为了形成国家，相互之间订立契约，自愿放弃部分自然权利，将这些权利转让给作为主权者的个人（君主）或一群人（议会）。这一观念在当时被认为是治理国家的基本原则，其中民众作为被治理的对象，其权利和地位受到相应的限制。这些古典治理观念共同构成了传统国家治理模式的理论基础。

在历史的初期阶段，民众在国家治理中主要被视为被管理的对象，这一状况在很大程度上受限于当时统治阶级的治理观念，同时与当时的社会、经济、政治结构的相对简单性密切相关。在封建专制的时代，由于缺乏成熟的政党制度、市民社会以及发达的市场经济体系，治理结构呈现出较为简单的特点。即使是在早期的资本主义社会和计划经济体制下的社会主义社会中，尽管相对于古代和中世纪，国家治理的结构变得更为复杂，但与当今社会的多元和复杂性相比仍显不足。这种历史条件下形成的国家治理模式，已不再能够满足现代社会对多样性和复杂性需求的挑战。

在当代国家治理的背景下，治理模式已经转变为全面立体化的模式。这意味着，治理客体不仅局限于治国（国家机关），而且涵盖了政党治理（尤其是执政党）、社会治理（包括社会团体、行业协会、社会自治组织等），以及市场治理（涉及商品、贸易、投资、金融等各类市场）。同时，现代国家治理的范围还扩展至生态环境（包括陆地、海洋、天空等）的综合管理，不仅关注实体世界的治理，还包括虚拟世界（如互联网）的治理。这种全方位、多维度的治理模式反映了现代社会的复杂性和多元化需求，强调了治理的广泛性和深入性。

相对于传统的国家治理模式，现代国家治理体系的转变不仅是社会经济、政治以及科技进步的自然结果，也映射了人类思想和理念的演进。在这一新兴的治理架构下，民众的角色发生了根本性的转变：他们不再是被动接受治理的对象，而是转变为治理过程的积极参与者。尽管在某些特定场景下，民众可能依然处于被治理的位置，但在更多情况下，是国家机关需要响应和服务于民众的需求和意愿。这一理念的转变凸显了现代治理中公民主体性的核心价值，并推动了民主与法治原则在国家治理实践中的深入落实。

（三）国家治理目标人本化

传统国家治理体系主要侧重于维护一定的统治秩序。例如，在古代中国，孔子提出的治理理念以"仁"和"礼"为核心，旨在建立一种符合传统礼教的社会秩序，即实现"君为君、臣为臣、父为父、子为子"的理想状态。在古希腊时期，亚里士多德倡导的中庸之道主张建立一个以中产阶级为支柱的政治架构。中国在计划经济阶段，国家治理的焦点并非位于经济发展上。而随着改革开放的推进，国家治理策略转变为"经济建设优先"，但现实操作中，一些地区和部门将"GDP 增长"视为核心目标，导致在追求经济增长的过程中忽略或牺牲了生态环境的保护，乃至影响了公民健康、自由及权益。

在现代国家治理理念中，"以人为本"成为核心原则，目标聚焦于促进人的全面可持续发展、自由和幸福。这一理念贯穿于经济、政治、社会、文化及生态环境的各个治理领域，将国民福祉视为最终追求。现代治理体系超越了单纯的统治秩序或经济增长目标，强调以人的全面发展和幸福作为发展和改革的根本目的。历史经验表明，那些脱离了人民根本利益的目标不仅未能有效推动经济发展和社会稳定，反而导致了严重的社会灾难。因此，现代国家治理的关键在于确保所有决策和行动始终围绕着增进人民的福祉、自由和幸福来展开。

在现代国家治理中，虽然"以人为本"是核心原则，但这并不意味着可以忽视其他生物的生存和发展。实际上，为其他生物创造良好的生存环境和条件，不仅是满足人类自身生存、发展、幸福的需求，更是现代人类理性和文明的表现。在全球生态系统中，人类与其他生物相互依存，共同构成了地球生命共同体。因此，现代国家治理策略应当兼顾并尊重所有生命体的权利和需求，通过维护生态平衡和生物多样性，确保人类活动不会损害到其他生物的存续，从而体现出现代社会对于生态和生物伦理的深刻理解和尊重。

（四）国家治理方式规范化

在现代国家的治理实践中，强调程序化和规范化对于确保政府行为的透明性、公正性和参与性至关重要。在法治的框架内，通过制定和执行各种法律规范，如行政程序法、政府信息公开法、个人信息保护法等，确保了国家治理活动的透明度和合法性。这些建制旨在明确国家治理应遵循的基本准则和程序，诸如信赖保护、比例原则、合理预期，以及各类制度如告知、申辩、理由说明、听证会和调查取证等。通过设立政府发言人、在线公开及征询公众意见等方式，进一步提升了治理的开放性和参与度。这一系列的法律框架和制度设计构筑了现代国家治理的基础，不仅保障了治理过程的法治性，也促进了公众参与和社会监督，从而提升了政府行为的合法性和效率。

公权力运作的程序化与规范化在现代国家治理中扮演着至关重要的角色，其不仅确保国家公权力及社会公权力的行使具备公正性与高效性，而且是预防公权力滥用和遏制腐败的关键机制。程序化和规范化确立了对公权力运作的明确指导原则和操作框架，从而保障权力行使过程的透明性和合法性。这不仅是对公正和效率的追求，也是对权力滥用和腐败行为的有效防范。通过这种方式，政府和相关机构能够在公众监督下行使权力，同时保证政策的实施和决策过程符合法律法规，从而为现代国家治理提供坚实的基础。

（五）国家治理手段文明化

在当代国家治理体系中，挑选合适的治理工具时，须全面评估其实效性、合法性及其文化适应性。治理的主要工具涵盖了民主、法治、科技与文化等方面。在民主的具体实践中，可区分为代表制民主、直接参与民主和协商民主三种主要形态。传统的代表制民主虽然占据了主导地位，但在应对立法和关键政策决策时，可能无法完全反映全体或大多数民众的意愿，而倾向于体现其政党或特定利益集团的立场。为了解决这一问题，直接参与民主和协商民主被引入到现代治理模式中，以期提高治理的包容性和代表性。参与式民主和协商式民主通过直接公民参与和多方协商，更有效地促进政策决策的民主性和包容性，从而增强政策决策的广泛社会基础和合法性。这些民主形式的发展，不仅是对传统代议制民主的补充，而且是现代国家治理模式向更加开放、包容和高效发展的重要标志。

法治作为现代国家治理的关键组成部分，涵盖了形式法治和实质法治两个重要层面。形式法治的核心在于确保国家治理活动的法律合规性，包含了四个基本要求：依法行政、依法立法、严格执法和违法必究。这意味着国家治理的各个方面和过程都必须依照现行法律的规定执行，从而保证国家治理的规范性和预测性。

与形式法治相辅相成的是实质法治。实质法治强调的不仅是行为的法律合规性，而更重视法律本身的公正性和合理性。这不仅要求国家治理依据合法性高的"良法"，而且要求遵循法律的基本原理、原则和精神。此外，实质法治还强调国家治理应当不仅仅依靠硬法（即强制法律规范），还要自觉遵守软法（非强制性的法律规范，如宪法惯例、法律原则、政府政策纲要等）。这一层面的法治旨在确保国家治理不仅遵守法律的字面，更要体现法律的内在公正性和合理性，从而提高国家治理的整体效果和社会认可度。

在现代国家治理体系中，科学治理模式已远超传统治理模式，这主要归因于现代社会所面临的问题远比以往更为复杂和多样。例如，涉及互联网安全、转基因食品的审批、工业项目的选址（如 PX 工程），以及环境治理（如雾霾问题）等，均是传统治理体系中未曾遇到的新型挑战。为了有效应对这些问题，并制定出合理且有效的解决方案，现代国家治理必须在坚持民主和法治原则的基础上，进行深入的科学论证。这意味着，只有通过科学方法和手段，结合严密的数据分析和专业知识，才能找到最优或更优的解决策略，从而有效应对现代社会的多元化和复杂化挑战。

在历史的国家治理实践中，文化作为一种治理手段常常未获得充分重视，尤其是文化在塑造个体精神、信仰和价值观方面的"软性"作用。这种忽视的现象，源于文化影响的长期性和间接性特点，它们通常不符合即时、显著的效果预期。然而，在现代国家治理框架中，文化的作用显得尤为关键。缺乏文化的熏陶，国民容易陷入信仰迷失，从而导致诚信、道德和法律意识的缺失。

三、我国国家治理的主要目标与意义

（一）我国国家治理的主要目标

我国国家治理的主要目标是构建一个富强、民主、文明、和谐的社会主义现代化国家，并实现中华民族伟大复兴。这个宏伟目标是多维度的，涉及从经济发展到社会稳定，从环境保护到文化繁荣的各个方面。为实现这一目标，国家制定了一系列战略规划和政策，涵盖了乡村振兴、创新驱动发展、可持续发展等关键领域。

乡村振兴战略聚焦于农业和农村的现代化建设，旨在改善农业生产的结构和效率，提高农村地区的生活水平，缩小城乡发展差距。这不仅涉及传统农业的技术和管理创新，还包括农村社会、文化和生态环境的全面提升。通过这种方式，乡村振兴战略旨在实现经济的均衡发展和社会的全面进步。

创新驱动发展战略是我国治理体系的另一个重要组成部分。在全球化和技术快速变革的背景下，创新成为推动经济持续增长和转型升级的关键。这一战略强调科技创新的重要性，包括加强研发投入、知识产权保护和创新人才的培养。创新驱动不仅是经济增长的动力，也是提升国家整体竞争力和影响力的基石。

可持续发展战略体现了我国对环境保护和生态文明建设的重视。在追求经济社会发展的同时，强调必须保护好生态环境，实现资源的节约和循环利用。这种战略不仅关注当前的发展需求，更着眼于长远的未来，旨在为后代留下一个更加健康、可持续的生活环境。

深化改革、依法治国和全面建设社会主义现代化国家等规划和策略，也是我国国家治理的重要组成部分。深化改革意味着不断优化和调整经济、政治、文化、社会和生态文明体制，以更好地适应国内外环境的变化。依法治国则强调在法律框架内进行国家治理，保障社会公平正义，维护社会稳定和秩序。

在实现这些治理目标的过程中，科学决策和依法执政是基本原则。科学决策要求政府在制定和实施政策时，基于事实和数据，考虑各方面的影响和后果。依法执政则要求确保所有决策和行动都符合法律规定，保障公民的权利和自由。

民主参与和公开透明也是国家治理的重要方面。通过鼓励公民参与政治和社会生活，可以增强政策的接受度和有效性。公开透明则有助于提升政府的信任度和公信力，防止腐败和权力滥用。

此外，适应时代变革和全球挑战是我国国家治理目标的另一个重要方面。随着全球经济和政治格局的快速变化，以及科技的不断进步，国家治理必须灵活应对这些变化和挑战。这包括对外交政策的调整，以适应国际环境的变化，以及对内政策的更新，以回应国内社会经济的快速发展。

在追求这些治理目标的过程中，创新成为关键词。不断创新治理方式和机制，是确保国家治理效率和效果的重要途径。这种创新不仅限于技术和管理领域，还包括社会制度和文化观念的创新。通过创新，可以提升国家治理的适应性和灵活性，确保政策和行动能够及时响应社会的变化和需求。

在实现国家治理目标的过程中，建立健全的制度体系至关重要。这包括法律制度、政治制度、经济制度和社会制度等各个方面。一个健全的制度体系能够提供稳定的治理框架，促进规范化、科学化和法治化的决策和管理。同时，制度体系的完善也是应对国内外挑战、保障国家长期稳定和繁荣的基础。

在这些治理目标的实现过程中，还需要强调包容性和公平性。确保不同社会群体，特别是弱势群体的利益和需求得到充分考虑和照顾，是实现社会的长期稳定和和谐的关键。同时，公平性也是提升国家治理合法性和有效性的重要因素。

（二）我国国家治理的重要意义

我国国家治理的重要意义体现在多个层面，涵盖了历史、现实以及对未来的深远影响。国家治理不仅是实现政策目标和管理公共事务的工具，更是推动国家整体进步、保障社会稳定和提升公民福祉的关键。

从历史的角度来看，我国的国家治理经验丰富，历史上的兴衰更替为我们提供了宝贵的教训和经验。通过对这些历史经验的深入研究和反思，我们能够更好地理解国家治理的复杂性和重要性。历史上的成功和失败告诉我们，有效的国家治理需要基于社会的实际情况，考虑经济、文化、政治和社会等各个方面的因素。同时，历史上的国家治理实践也展示了中华优秀传统文化的价值，这些文化遗产对于推动国家文明进步、增强国家文化软实力具有重要作用。

在现实层面，国家治理对于实现国家现代化建设至关重要。随着经济全球化和技术革新的发展，国家面临着越来越多的挑战，如经济结构调整、环境保护、社会不平等和文化多样性等。有效的国家治理能够帮助政府有效应对这些挑战，推动经济的持续发展和社会的全面进步。通过健全的治理机制和措施，可以提高政府的决策质量和执行效率，提升公共服务的水平，保障社会的安全和稳定。

国家治理对于保障人民的生活水平和福祉具有直接作用。良好的国家治理能够确保经济增长的成果惠及所有公民，减少社会不平等，提高人民的生活质量。通过有效的社会保障体系、公平的教育机会和高质量的医疗服务，国家治理直接关系到每个公民的幸福感和满意度。

国家治理还对国家的长期发展和稳定具有深远影响。一个稳定而高效的治理体系能够为国家的未来发展奠定坚实的基础。随着社会的快速发展和国际环境的变化，国家需要不断调整和完善其治理体系，以适应新的挑战和需求。这种持续的改革和创新是确保国家长期繁荣和稳定的关键。

在国际层面上，国家治理的效果和能力也是衡量一个国家国际地位和影响力的重要标准。在全球化的背景下，国家治理不仅关系到国内的稳定和发展，还影响到国家在国际社会中的角色和地位。有效的国家治理能够提升国家的国际形象，增强其在全球事务中的话语权。

国家治理在历史和现实的各个层面都具有深远的意义。它不仅是实现政策目标和管理公共事务的工具，更是推动国家整体进步、保障社会稳定和提升公民福祉的关键。良好的国家治理体系不仅能够促进经济增长和社会发展，还能够维护国家的安全和稳定，提高政府的效率和透明度，增强公民的参与和信任。

在处理国内挑战方面，有效的国家治理有助于解决社会不平等、减轻贫困、提高教育质量和医疗水平，以及保护环境。通过有效的政策制定和实施，国家治理能够确保社会资源的合理分配和有效利用，推动社会的和谐与进步。此外，国家治理在促进科技创新和产业升级中也起着关键作用，有助于提升国家的整体竞争力。

在应对国际挑战方面，国家治理的重要性同样不容小觑。在全球化的今天，国家的稳定和发展不仅受到国内因素的影响，还受到国际环境的影响。良好的国家治理能够提升国家应对国际经济波动、政治冲突和全球性问题（如气候变化、疫情等）的能力。通过参与国际合作和多边机制，国家治理还能够提升国家在国际舞台上的声誉和影响力。

国家治理还与文化发展和民族认同紧密相关。通过继承和发扬中国优秀的传统文化，国家治理有助于增强民族自豪感和文化自信。这种文化的传承和创新不仅丰富了国民的精神生活，还增强了国家的文化软实力。

第二节　国家治理现代化内涵与实践形态

一、国家治理现代化的内涵

国家治理现代化理论是中国共产党对现代化理念深化和发展的重要成果。回顾中国共产党对现代化的认识历程，可以发现，从20世纪中期的"四个现代化"开始，党对现代化的理解和实践一直在不断深化和扩展。原先的"四个现代化"聚焦于工业、农业、国防和科学技术，强调物质文明的建设和经济基础的强化。然而，随着时代的发展，这一理念逐渐演变，开始更多地关注社会、政治、文化等领域的现代化，其中，国家治理现代化成为一个重要的维度，可以称之为现代化的"第五化"。

作为现代化进程的"第五化"，国家治理现代化不仅是对传统治理体系的改革和提升，而且是对国家治理理念和模式的全面更新。这一概念的形成和提出，体现了中国共产党对历史趋势的深刻把握和对未来挑战的前瞻性思考。

国家治理现代化是治理体系上的现代化。这意味着构建一个更加高效、透明、民主和法治化的国家治理体系。具体来说,这包括政府结构的优化,决策过程的科学化和民主化,以及行政效率的提高。同时,法治的根基需要进一步巩固,确保政策制定和执行都在法律框架内进行。国家治理现代化也包括治理能力的提升。这不仅意味着提高政府的行政效率,还包括增强政府应对复杂社会问题的能力。在全球化和信息化时代背景下,国家治理需要更加灵活和创新,能够应对经济、社会、文化、环境等领域的快速变化和挑战。这要求政府不仅要有良好的政策制定和执行能力,还要有高效的危机应对和问题解决能力。

国家治理现代化还强调公民的参与和社会的包容性。这意味着政府治理应更加注重民意的反映和公民的参与,确保政策制定更加民主、公开和透明。同时,治理体系应能够反映社会的多样性,尊重并保护不同社群的权利和利益,促进社会的和谐与稳定。

国家治理现代化还要求政府利用现代科技提高治理效率。随着信息技术的发展,政府可以通过大数据、人工智能等技术手段来提高政策的制定和执行效率,更好地服务于民众。这包括利用信息技术优化公共服务,提升政务透明度,以及加强对社会动态的监测和分析。科技的运用不仅提高了政府工作的效率,也为公民提供了更加便捷、全面的服务和更广泛的参与渠道。

在实现国家治理现代化的过程中,文化因素也起着至关重要的作用。国家治理现代化不是简单的技术或制度革新,而是涉及深层次的文化变革。这要求在尊重和继承传统文化的基础上,培育与现代治理相适应的文化理念和价值观。这种文化转型旨在强化法治意识、公共精神和社会责任感,促进公民之间的相互理解和包容。

国家治理现代化意味着加强对环境保护和可持续发展的重视。随着环境问题的日益突出,国家治理必须纳入生态文明的理念,采取有效措施保护自然环境,实现经济发展与生态保护的协调。这不仅有利于当前的社会发展，也是对未来世代的负责。

国家治理现代化要求政府能够有效地应对各种社会风险和挑战，包括经济危机、公共卫生事件、自然灾害等。这不仅需要政府有强大的应急管理能力，还需要政府能够在日常治理中积极预防和减轻这些风险。通过构建全面、多层次的风险管理体系，政府可以更好地保护公民的生命财产安全和社会的稳定。

在国际层面上，国家治理现代化还意味着加强国际间合作和参与全球治理。随着全球化的深入发展，国家的治理已不再局限于国内范围，而是需要在国际舞台上积极参与和作出贡献。这要求国家在维护自身利益的同时，也要考虑到全球利益，积极参与解决全球性问题，如气候变化、跨国犯罪、全球卫生问题等。

国家治理现代化是一个全面、深刻的过程，它不仅涉及政府治理体系和能力的提升，还包括社会文化的变革、科技的运用、环境保护和国际合作的加强。通过国家治理现代化，可以提高政府的治理效率，增强社会的和谐稳定，促进经济的可持续发展，提升国家的国际竞争力，从而为实现中华民族伟大复兴的中国梦提供坚实的基础。在这个过程中，不断地创新和改革是关键，需要政府、社会和公民共同努力，不断适应时代的变化和挑战。

二、国家治理现代化的实践形态

（一）制度理性意识的自我审视

制度理性意识的自我审视，即对现有治理体系和机制进行持续的反思和改进，以确保其能够有效应对社会发展的不断变化和挑战。这种自我审视不仅是对现有制度的检验和调整，也是对治理理念和实践方式的深刻反思。在这个过程中，国家治理现代化的实践形态逐渐显现，体现为一系列具体的改革举措和创新实践。

（二）制度革新能力的自我完善

在国家治理现代化的进程中，制度革新能力的自我完善是至关重要的。这种能力不仅体现在对现有制度的持续审视和调整上，还体现在通过深化改革来应对新的社会挑战和需求上。这样的改革和完善，是国家治理现代化实践形态的核心，它确保治理体系和机制能够与时俱进，更好地服务于国家和社会的长期发展。

制度革新的核心在于识别并解决现有治理体系中的短板和弊端。这需要政府不仅关注制度运作的表面成效，还要更深入地分析制度设计的合理性和适应性。在这个过程中，政府可能需要重新配置资源，优化决策流程，甚至重构治理框架，以确保政策制定和执行更加高效、公平和透明。

深化改革的过程还涉及不断提升政府治理的效能和效果。在这方面，政府需不断创新管理手段和服务方式。例如，通过简政放权，政府可以减少不必要的行政干预，提高市场和社会力量在资源分配中的作用。同时，政府还需加强公共服务的供给，确保政策惠及更广泛的民众，特别是弱势群体。

国家治理现代化的实践中还需要政府有效应对新兴的社会问题和全球挑战。这意味着政府需要不断更新其知识体系和政策工具，以适应经济全球化、科技进步、环境变化等问题。例如，面对经济全球化带来的挑战，政府需要采取更加开放和灵活的经济政策，加强与其他国家的经济合作和贸易往来。同时，在科技进步的背景下，政府需利用新技术提升行政效率和服务质量，如通过数字化转型优化政府服务流程。

（三）培育和完善多样化社会引导机制

在国家治理现代化的实践中，培育和完善多样化的社会引导机制是至关重要的。这种机制的建立旨在更好地发挥社会力量的作用，促进政府和社会的有效互动。通过建立多层次、多领域的社会参与机制，国家治理可以更加贴近民众的需求，更有效地应对社会问题和挑战。

在国家治理现代化的实践形态中，多样化社会引导机制的建立体现在几个方面。首先，政府需要开放更多的渠道让公民参与到公共事务的讨论和决策中。这不仅包括传统的政治参与途径，如选举和公共听证会，也包括更现代的参与方式，如在线咨询和社交媒体互动。通过这些渠道，公民可以表达自己的观点和需求，对政策制定提供建设。

多样化社会引导机制还涉及加强与民间组织、社区和专业团体的合作。这些组织通常更贴近基层，对当地社区的需求和问题有更深入的了解。政府可以通过与这些组织合作，更有效地解决社区问题，提供定制化的服务，同时也能增强政策的接受度和有效性。

鼓励企业参与社会治理也是多样化社会引导机制的一个重要组成部分。企业不仅是经济活动的主体，也能在社会治理中发挥重要作用。通过企业社会责任项目和公私伙伴关系（PPP）模式，政府可以利用企业的资源和专业知识，共同推动社会项目和公共服务的提供。

多样化社会引导机制还包括加强媒体和公众监督的作用。媒体不仅能够传播信息，还能够监督政府的行为，确保政府的透明度和问责性。同时，通过建立有效的反馈和投诉机制，政府能够及时了解和回应公众的关切，不断改进政策和服务。

在国家治理现代化的实践中，多样化社会引导机制的建立和完善是一个持续的过程。这需要政府不断调整和优化合作模式，确保社会各方的声音都能被听到，并在政策制定和执行中得到考虑。通过这种方式，政府可以更好地利用社会资源，提高治理效率和效果，同时也能增强公民对政府的信任和支持。

（四）充分发扬民主和法治精神

充分发扬民主和法治精神，是实现国家治理现代化共同现实目标和价值目标的关键。民主和法治不仅是现代治理的基本原则，也是提升国家治理能力和效率的重要途径。在国家治理现代化的实践形态中，民主的发扬表现为公民参与度的提升和决策过程的透明化。民主治理要求政府决策不仅要高效，还要公开，确保政策制定过程中民众的意见得到听取和尊重。这意味着政府需要通过各种渠道，如公开听证会、在线咨询和民意调查等，收集公民的意见和建议，使政策更加贴近民众的需求和期望。通过加强民主监督，如确保媒体自由和激励公民监督，政府的透明度和问责性也能得到提升。

法治的精神在国家治理现代化中同样至关重要。法治不仅是规范政府和公民行为的基本准则，也是维护社会秩序和公正的重要工具。在国家治理的实践中，这意味着所有政府行为都必须在法律框架内进行，政策制定和执行要严格遵循法律规定。同时，政府需要不断完善法律体系，确保法律能够适应社会发展的需要，及时回应新出现的社会问题。加强法治教育和提升公民的法律意识也是法治精神发扬的重要方面。

民主和法治精神的发扬在国家治理现代化的实践中还体现在对权力的制约和平衡上。这需要政府机构之间相互监督，防止权力滥用，确保政府决策和行为的合法性和合理性。通过建立健全的权力监督机制，如审计制度、司法独立和媒体监督等，可以有效防止腐败和权力滥用，提升政府的公信力和工作效率。

三、国家治理现代化的中国方案

中国特色国家治理现代化在国家治理的历史进程中提出了新的方向，构建了一种以党的领导为核心，人民为中心，以一核多维、问题导向为特征的社会主义国家主导治理模式。这一模式强调制度理性和革新能力的持续完善，以及多元化社会引导机制的培育与优化，为实现国家治理的共同现实目标和价值目标提供了坚实支持。

以习近平同志为核心的党中央，针对实现"两个一百年"奋斗目标和科学统筹"两个大局"的时代要求，提出了推进国家治理体系和治理能力现代化的重大命题。借助卓越的历史主动性、政治勇气和强烈的责任感，党中央采取了一系列重大措施，推进重要工作，克服重大风险挑战，解决了一些长期悬而未决的难题，并成功实施了许多以往未能完成的重大事项。在这一过程中，国家治理现代化的中国方案日益成熟，为国家治理提供了有效的路径和实践示范。

（一）整体层面的系统设计

国家治理现代化的中国方案在全面深化改革的总体目标框架下得到明确阐述。习近平总书记指出，推进国家治理体系和治理能力现代化是完善和发展中国特色社会主义制度的关键组成部分。在这一框架下，中国特色社会主义道路被确定为国家治理的基本方向，同时强调国家治理体系和治理能力是国家制度和制度执行能力的综合体现，二者互为补充。

1.国家治理体系与治理能力的内在联系需被充分理解，坚持一体化推进。国家治理体系现代化涉及制度体系与治理机制的系统集成和协同高效，治理能力现代化则着重于加强制度执行力和提升国家治理效能。这两者互相制约与决定，因此，国家治理现代化必须在这两个层面同时发力，实现同频共振。

2.国家治理体系改革需保持战略定力，与改革创新相统一，坚持定向推进。这意味着增强中国特色社会主义制度自信，坚持和发展已经建立并经过实践检验的各项制度，并将制度优势转化为治理效能。改革创新则要立足实际，遵循科学理性原则，明确改革的目标与思路，确保国家治理体系和治理能力现代化能够满足人民对美好生活的新期待。

3.国家治理现代化需遵循其内在规律，坚持科学推进。国家制度体系的完善和国家治理能力的提升是动态演进的过程，要注重问题导向与目标导向的统一，聚焦于国家改革发展的关键领域，有效应对新情况、新问题、新挑战，精准施策，确保治理效能的持续正向发展。

（二）理论层面的科学规划

国家治理现代化在理论层面的科学建构体现了中国党治国理政从传统方式向科学执政、民主执政、依法执政的深化转变。这一理论框架是基于辩证唯物主义和历史唯物主义原则的创新性构建，致力于系统性地设计如何协调治理主体力量、优化治理制度安排、提高治理效能等方面的问题，旨在实现国家与治理的有效兼容，特别是阐明中国特色社会主义制度的价值立场和独特优势，以及如何将这些优势转化为国家治理效能。

国家治理现代化理论在制度规范方面提供了价值引导和科学依据，确立了以人民为中心的治理取向。在逻辑形态上，国家治理现代化强调共生、集成与协同，引入民主化、法治化、科学化和智慧化等元素到治理过程中，最大化地实现共商共治，形成全面提升治理能力的整体态势。该理论强调现实观照，即积极响应新时代社会主要矛盾的转变和统筹国内国际两个大局的要求，为推动中国更好的发展、促进全球治理向好发展以及为人类文明新形态的构建提供了支撑。

国家治理现代化的理论建构体现了正当性、科学性、实践指导性的有机统一，推动了国家治理现代化理论的发展。在民主法治范畴内，通过有序政治协商，将党的领导、政府理性干预、市场竞争机制与社会广泛参与等要素有机融合。同时，其所秉持的民主法治、公平正义、和平发展理念，突出了对和平、发展、公平、正义、民主、自由等全人类共同价值的创造性遵循。这一治理逻辑有效避免了西方治理理论的缺陷，为全球治理体系变革提供了新的选择。

（三）制度层面的统筹布局

中国特色国家治理变革的核心在于验证社会主义制度的优越性，并展示国家层面制度设计在实际治理中的效能。这种治理效能体现在完善和发展中国特色社会主义制度的基础上，规范、民主、科学且有效地运用各种系统工具来应对和处理复杂的社会事务，并依据特定价值取向指导和塑造社会主体。

国家治理水平与制度供给能力紧密相关。国家制度的选择与国家的历史文化、社会性质、经济发展水平等因素相关。中国特色社会主义制度是在社会主义国家建设过程中逐步发展和完善的，实践证明其具有显著优势。同时，成熟和科学的制度体系需要保持原则性与开放性、稳定性与发展性的有机统一，不断适应发展变化的现实，与时俱进。

自党的十八大以来，国家制度建设达到了前所未有的高度。党的十九届四中全会审议通过的决定，极大推进了中国特色社会主义制度建设。一方面，基于我国现有制度的内在逻辑，全面总结党领导人民在国家制度建设和国家治理方面取得的成就、经验和原则，重点强调了支撑中国特色社会主义制度的根本制度、基本制度、重要制度的坚持和完善。另一方面，明确制定了以制度建设推进国家治理现代化的总体目标、阶段性任务和具体要求，并勾勒了行动路线图。该路线图涵盖治党、治国、治军、内政、外交、国防等方面，构建了相互衔接的国家治理总体制度框架，为使国家各方面制度更加成熟、更加定型，并将制度优势转化为国家治理效能提供了坚实支撑。

（四）运行层面的机制协同

国家治理现代化的中国方案，在十八大以来的创造性建构中，体现为系统治理、依法治理、综合治理、源头治理的有机统一。此方案基于政治学、系统学、运筹学等学科的基本原理，实现了治理方式与环节的无缝对接、立体交织和全方位协同。

系统治理作为提升治理效能的基础和关键，强调协同党的全面领导、政府的宏观主导、市场的微观运作以及社会力量的广泛参与，以实现多元治理主体的良性互动与共商共治。中国共产党在这一体系中扮演着领导者、引领者和实践者的角色，确保了国家治理的根本保障，推动构建共建共治共享的社会治理格局。

依法治理，作为治理的基石，强调规则之治的重要性。依法治理不仅是国家治理现代化的内在要求、基本特征和根本路径，也是治理体系成熟和高效的标志。依法治理的核心在于通过加强法治保障，运用法治思维和法治方式全面推进国家治理现代化。

综合治理则通过多种途径和方式，整合各种治理资源和手段，以实现整体治理效果。这种治理方式强调党委统一领导下，依靠广大人民群众和社会各方面力量，运用多种手段和现代技术，形成有效预防和化解矛盾与问题的社会合力。

源头治理关注在问题发生之初的预防和解决，强调标本兼治，重在治本。其过程涵盖了追本溯源，通过健全基层治理平台和多样化治理渠道，及时发现和处理社会问题。这包括完善人民民主全过程；保障民众参与治理的权利；提升政府服务能力，以及加强监督执纪，及时高效地处理问题。

（五）实践层面的正确引领

基层治理效能在国家治理体系和治理能力现代化方面具有关键意义，是国家治理宏观战略与制度安排在社会微观层面的实施和体现。作为国家治理体系的重要组成部分，基层治理的有效性直接影响党的执政基础、人民群众的福祉和社会的长期稳定。党的十八大以来，为解决国家治理"最后一公里"的问题，中央政府采取了一系列措施，建立了社区居委会、社会机构、志愿者等多方协同的联动机制，显著提高了基层社会治理的效能，增强了人民群众的获得感、幸福感和安全感。

第一，坚持以人民为中心的发展理念，加强党建引领和国家机关服务意识及能力的提升。建立了由党委统筹领导的，上下贯通、条块结合的城乡基层治理体系，明确了各级党组织的主体责任，将宏观规划、大型项目与解决小区域、小问题、小矛盾相结合。

第二，强化了基层群众依法有效参与社会治理的效能。注重统一基层群众参与社会治理的渠道和主观能动性，培育其权利意识、公共精神、法治观念和规则意识，引导他们依法有序参与公共事务治理，特别是在推进基层自治制度和实践中发挥主体作用。

第三，完善微观治理的立法和执法。出台民法典，为保护公民各方面权利提供了法律依据，明确规定了个人的人身权、财产权、人格权和侵权责任等。同时，确定了城市居委会、农村村委会的独立法人资格，促进了社会微观治理的依法有序发展。

第四，探索建立了激励相容机制、治理制衡机制、政策传导机制、应急救济机制等问题处置机制，有效提升了微观治理的成效。这些措施体现了以问题为导向的方法论，增强了基层治理的实效性。

第三节　数字技术与国家治理的融合转型

一、国家治理数字化转型的战略意蕴与路径

（一）国家治理数字化转型的深层逻辑

生产力的提升决定了生产关系的变革。数字化技术的进步，通过变革信息收集、传播和分析的方式，极大地提高了生产效率。这种效率的提升导致了依托的资源、治理工具以及组织结构和组织间互动方式的根本变革。面对新兴数字技术的迅猛发展和深入应用，传统的治理模式，如层次化、分化和线性处理等，亟须更新以适应新的经济社会发展要求。随着社会生产力的进步，国家治理结构和治理能力均需进行持续的改革和调整，以适应不断增长的发展复杂性，实现治理效能的不断优化和提高。

面对新时代世界大变局和中国大变革的背景，国家必须更新治理理念、实践方式和规范标准，并全面推动制度革新与深化改革。在这个过程中，政府的数字化转型不仅是推动国家治理现代化的关键动力，更是促进数字经济和社会整体进步的重要驱动。因此，通过政府的数字化转型引领，可以有效实现治理体系的数字化整合，为数字经济和社会的全面发展奠定坚实的基础。

（二）国家治理数字化转型的理论内涵

国家治理数字化转型的核心内涵在于提升政府治理能力，其关键在于思维、体制和模式的创新。数字化转型的本质是利用数字化技术推动治

理体系的改革，旨在实现治理能力的现代化。数字化转型是一个动态的过程，它强调针对不同治理场景的创新与迭代。

政府数字化转型并不仅仅是将现有的治理体系和方式进行数字化处理，而是一个涉及思想理念、业务流程、组织架构和信息技术等方面的系统性、协同性和引领性的改革。这一转型要求对整个政府运作模式进行创造性的数字化改造，注重业务协同、数据融通和技术集约，以推动政府工作过程和结果的数字化。这种转型不仅改变了政府的运作流程和治理方法，甚至还涉及组织架构的变革。数字化转型不仅是技术层面的变革，更是治理思维和方法的全面更新。

（三）国家治理数字化转型的整体路径

1.革新治理理念

国家治理数字化转型首先应体现在理念的革新上，即超越传统治理能力的认识论基础。这涉及从经验驱动、危机驱动等传统政府能力机制转变至数字技术驱动的新认识论。数字化转型要求政府治理全面基于数据治理和数字技术的创新应用，打破传统业务条线的垂直运作和单部门的内循环模式。转型的目标在于数据的整合、应用集成和服务融合，以服务对象为中心，以业务协同为主线，以数据共享交换为核心，构建"纵向到底、横向到边"的整体治理体系。

数字化思维要求从封闭式边界思维转变为开放式跨界融合思维，包括业务和技术的破界融合、线上线下的融合、管治和共治的融合。其本质在于创新，包括持续性和颠覆性创新，追求原创性而非模仿，以及追求跃迁式成长变道超车而非渐进式超车。这要求数字化转型的推动者和参与者具备改革精神。数字化转型是组织和管理层面的革命，需要清晰的变革思维，组织内达成共识，形成坚定的数字化转型信念，并在战略、组织、人才、文化、管理、流程等各层面进行系统的变革创新，并有效执行。

2.重新打造治理结构

随着社会从工业化向后工业化的过渡，数字技术的革新促成了行政组织结构范式的根本变革，即从层级明确的金字塔形结构向更加扁平化、网络化的模式转变。为了实现政府治理能力的现代化，政府的组织架构和治理方式需要进行相应的更新和进化，从而提高其治理效率和适应性。

在政府数字化转型的过程中，关键在于如何规范和重构政府内部的权力结构及行政资源，涉及组织形态的变化和机构职能的整合。在这一进程中，需重新考虑和配置行政体系的职权，以期达到政府部门的优化与整合，进而构筑一个高效、灵活并适应数字化要求的整体性政府架构。这一转型要求跨越部门边界，克服功能分割的限制，从部门中心化向以业务流程和服务对象为中心的模式转变。信息和资源的共享应跨越原有的部门界限，依据服务需求的变化灵活调整，促进跨部门间的协作和整合。这种改变是对传统治理模式的深度重塑，目的在于打造一个能够应对数字时代挑战的、高效灵活的国家治理体系。

3. 系统梳理治理流程

数字化转型的核心在于彻底重塑政府业务流程，以适应新兴的治理模式。然而，流程再造的不足或延迟，尤其在现有的属地管理体制下，可能带来协同工作中的时间和频率不同步问题，跨区域、跨层次、跨部门的协作构建面临着惯性反作用力的挑战。若再造流程与新治理模式不相匹配，可能引发政府数字化转型过程中，传统的科层组织结构与新兴的数字治理之间的冲突。

为确保数字化转型的成功，流程再造需在全面统筹的战略框架内进行。这要求对政府部门的关键业务进行彻底梳理，以符合数字化转型的目标。接着，应明确业务流程与部门间协作的对接点，清晰划分各部门职能，并优化每个环节的操作流程，保障跨部门合作的顺畅。此外，通过流程的优化和精简，实现业务处理的高效率。同时，加强不同层级和区域之间的协作，确保治理理念在系统内的一致性和协调性，促进政府治理的纵向与横向一体化。纵向一体化强调不同治理层级间的紧密协作，横向一体化则侧重于不同部门间的相互配合和整合。通过这一系列综合性的改革措施，可有效推动政府数字化转型，从而提升国家治理体系和治理能力的现代化水平。

4.强化基础支撑

国家治理数字化转型离不开以数据为核心的数字基础设施构建。这一构建涉及政务数据平台和数字治理框架的全生命周期，包括数据的采集、归集、汇聚、共享、开放和应用，是政府数字化转型的关键和基础保障。数据作为关键的管理要素，是构建数字政府的基础，而跨层级、跨部门、跨领域的数据归集、共享、交换构成了政府数字化转型的基石，推动政府治理实现"用数据说话、用数据管理、用数据决策"。

政府数字化转型的进程中应重点构建数字治理支撑体系，建立整体协同、运行高效、服务精准、决策科学、治理完善的"数智政府"。这包括构建先进、可靠、安全的数字基础设施和数据资源基石，确保数据的完备性、精准性、适用性、即时性和综合性。同时，需要建立全面、先进、可靠的数字协同与治理体系，形成数字协同、数字治理和数字进化三位一体的架构。

建立一个综合性的数字监管和服务平台是推进政府数字化转型的重要环节。这个平台旨在为公众、企业、公务员及所有政府部门提供全面服务，通过持续的数字资源能力化及数字能力共享，向外界提供高质量的政务服务，同时实现政府内部的高效办公协作。此举不仅促进政府机构数字化改造的深入进行，也是提高国家治理效能现代化水平的重要措施。

强化基础支撑离不开大数据治理，其治理重点如图6-2所示。

图 6-2　大数据治理重点

二、政府服务的数字化创新

（一）数字化政务服务

随着数字技术的不断发展和深入融合，数字化政务服务已经成为创新政府服务、提高效率的重要手段。数字化政务服务的优势，主要包含以下几个方面：

1. 智能化服务

智能化的数字化政务服务普及是未来的发展方向，其中人工智能、大数据等先进技术的应用，为政府提供了感知和预测公众需求的新途径。这些技术的应用能够使政府服务变得更为精准和个性化。例如，利用人工智能技术进行智能分析，政府能够自动识别公众的办事需求，推荐最佳办事流程和所需材料清单，有效降低公众办事的时间和成本。同时，政府可以借助智能化系统对公众进行个性化提醒和服务，从而提升服务的质量和效率。

2. 移动化服务

伴随着移动设备的广泛普及和移动互联网技术的发展，政务服务的移动化已成为未来发展的必然趋势。公众通过智能手机、平板电脑等移动设备，可在任何时间和地点访问政府网站并办理各项业务，克服了传统服务模式中时间和地理位置的限制。政府机构还可以利用这些移动设备收集公众反馈和意见，更加深入地理解公众的需求和所面临的问题，从而及时对服务质量进行优化和改进。

3. 开放共享的数据

数据开放共享构成数字化政务服务的一个核心组成部分。政府数据的开放共享能够促进各政府部门间的协同工作和信息的有效共享，进而提升政府服务的效率和质量。此外，向公众和企业开放共享数据，可提供更全面和准确的信息服务，从而激发社会创新和促进整体社会发展。

4. 安全保障的强化

数字化政务服务的发展依赖于安全保障措施的加强。政府需在网络安全、数据安全等关键领域强化工作，以确保数字化政务服务的安全性和可靠性。此外，政府亦需构建和完善信息安全管理制度，同时实施有效的技术防护措施，以预防信息泄露和滥用情况的发生。

5. 用户体验的优化

优化数字化政务服务的用户体验是提升公众满意度和服务质量的关键环节。政府需采用用户研究和反馈收集等方法，深入了解公众的需求和问题，进而改进服务界面和流程，提升公众使用的体验和满意度。此外，政府应加强对工作人员的培训和管理，增强其服务意识和能力，从而为公众提供更加高效、便捷的服务。

（二）数字赋能政府公共服务

习近平总书记在党的二十大报告中强调，"采取更多惠民生、暖民心举措，着力解决好人民群众急难愁盼问题，健全基本公共服务体系，提高公共服务水平，增强均衡性和可及性，扎实推进共同富裕"。在健全和完善公共服务体系的过程中，数字化赋能扮演着关键角色。它对公共服务的基本模式产生深远影响，特别是在能力和效率的维度。数字化赋能促使公共服务向多元主体协同、集成便捷方式、精准个性化内容和标准化可视化效果的方向转变。这种转变对于提升公共服务水平、推进服务的均等化、普惠化、效率化和便捷化具有重要作用。因此，充分挖掘并应用数字赋能公共服务的价值，更好地满足广大人民群众的公共服务需求，对于为中国式现代化构筑坚实的民生基础至关重要。

1.数字技术赋能公共服务的主要维度

公共服务本质上是政府、市场和社会多方主体围绕公共产品所形成的互动合作过程，其中公共资源通过加工生产成服务产品并向目标群体供给。数字技术，以其数字化、快速迭代和创新叠加的特性，在加速信息流动和共享的基础上，促进企业和公共部门管理流程的改造与重塑，进而优化公共服务过程和体系的发展。

数字技术的应用扩展了公共服务的能力范围。传统上，公共服务往往是公共部门的单向生产供给与群众的被动消费过程。在此过程中，公共部门难以精准把握群众的服务需求和消费体验。数字技术的引入，特别是互联网、大数据和云计算等技术的运用，使政府能够更有效地获取和管理数据信息，从而使公共服务更加深入地联系群众，并促使政府更深入、全面地理解并解决民众的公共服务需求。例如，在智慧社区建设中，通过数字基础设施，老年人、儿童、残疾人等特定群体的需求能被快速传递和准确感知，从而有效地响应并提供所需的服务。

数字技术为公共服务带来了效率的提升。通过应用数字技术，公共服务流程得以简化，实现政务沟通、决策和服务的快速响应。数据流动打破了部门和地区之间的壁垒，促进了信息的共享和高效服务。相较于传统的纸质办公和并联工作流程，数字技术大幅缩短了公共服务的时空距离。例如，"一网通办"等一体化公共政务服务模式，不仅促进了公共服务的跨域传递，还形成了更高效的串联工作流程。在公共服务领域日益多样化的背景下，数字技术为资源协调提供了强大的算力支持，加快了政务服务的传递和处理速度，优化了公共服务业务流程，并加强了业务协同。

数字技术在降低公共服务交互成本方面发挥了显著作用。该技术为政府部门基于数据流动实现"区域通办"和"跨省通办"等公共服务供给目标提供了坚实的技术基础。通过数据流动，不仅降低了公共服务供给业务协同成本，还实现了基于民众需求数据源的业务导向政民互动。数字化公共服务模式在民众与公共服务供给部门之间建立了虚拟、直接、快速的信息通道，提升了民众反馈服务需求的积极性，为政民互动提供了更直观的交互流程视窗，有效降低供需交互成本，提高交互效率，扩大公民参与和社会协同。

数字技术有助于合作生产模式的公共服务。在数字时代，公共服务的需求、体验、满意度等主观价值以及数量、规模、质量、分布等客观价值均可被数字化，促进不同公共服务主体间的信息共享和流动。这种技术形态能够改变传统的"政府提供—公民消费"的单向模式，吸引更多公众参与公共服务流程，表达需求、提出意见、参与评价等，增强政府与公众之间的沟通和互动，提高公共服务的针对性和时效性。公民可以通过"众筹""众包"等方式参与自我服务和互助服务，相互交流、分享经验、提出建议，促进公众间的合作和互助，提升公共服务的效率和水平。

数字技术推动了公共服务的优质均衡发展。数字技术通过大数据画像为政府分析民众公共服务需求提供了有效的工具，为建立多类型、多群体、精准化的公共服务供给模式提供了技术支持，使得不同民众的多样化需求得到更优质的满足。随着数字技术的发展和普及，公共服务变得更加便捷和包容，政府能够为全体人民提供更均等的公共服务环境。智慧教

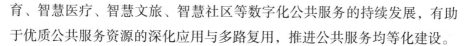

育、智慧医疗、智慧文旅、智慧社区等数字化公共服务的持续发展，有助于优质公共服务资源的深化应用与多路复用，推进公共服务均等化建设。

2. 数字技术赋能公共服务的关键路径

数字技术在公共服务中的应用主要聚焦于以数据为核心，通过数据驱动优化或重构公共服务架构。采用基于数据决策、数据服务和数据创新的现代化公共服务供给模式，推动"信息数字化＋业务数字化＋组织业务化"的全面公共服务数字化模式，以实现公共服务的精准化、智能化、协同化、透明化和体系化。

精准化方面，数字技术有助于匹配公共服务供给与群众需求，开辟"自上而下"和"自下而上"的双向反馈渠道。政府可依托数字技术建立在线民意调查、网络听证会和网上征求意见箱等渠道，便于公众表达观点和建议，进而实现民众的"精准画像"。数字技术助力政府部门强化基于数据的办事需求预测和预判，形成全面的公共服务业务清单，构建多层次、全方位的服务场景，减少公共服务供给与需求不匹配所产生的资源浪费和错配，更好地满足人民群众对美好生活的需求。

智能化方面，数字技术有效应对复杂社会环境和民众多样化需求，形成公共服务数字化迭代的自组织系统，推动公共服务向长效运营转型。在快速发展的经济全球化背景下，公共服务日益呈现多样化、复杂化的特征，由传统工业社会的标准化系统特征向模糊化系统特征转变，传统公共服务体系向敏捷化、智能化进一步转型。数字技术推动公共服务实现云端转型，打造多维立体的公共服务互联网，发展主动式公共服务业务模式，构建全周期的公共服务工作流程，从而提升公共服务的科学性与韧性。同时，数字技术本身具有演化的特征，利用云端公共服务业务系统的数据学习能力，推进公共服务体系在数据驱动下的动态发展和持续演进。

协同化方面，数字技术在公共服务领域实现协同化，突破多维障碍，构建跨层级、跨地域、跨部门、跨系统、跨业务的高效协同管理与服务体系。数字技术促进公共服务资源的整合与效率提升，推动建立覆盖各级行政区域和不同部门系统的数字化公共服务体系，并吸纳政府、市场、民众等多元主体参与，形成服务圈层机制。同时，数字技术通过提供虚拟通道，联通公共服务业务，聚合资源碎片，打造多领域协同匹配的供给模式。

透明化方面，数字技术的应用促进公共服务变得更加透明、规范和公正。通过数字化记录和存储公共服务流动数据，提高政府公共服务的可信度，减少人为误差和漏洞，增加服务的可靠性和透明度。进而，公共服务的决策、执行、管理、服务、结果等环节可以更加公开，确保社会公众的知情权、参与权、表达权和监督权得到充分保障，同时促进政府部门及时回应社会关切，提升政府公共服务职能的履职公信力。

体系化方面，数字技术促使政府主导、市场与公民参与的公共服务共同体的构建。在数字技术影响下，政府、市场、民众间的供需匹配度得到提升，政府既是数据资源的使用者也是生产者，为政府与企业合作、建立数字化公共服务共同体提供了条件。市场和公民作为主要需求方，在数字技术推动下成为公共服务供给方，共同构建公共服务共同体，进一步提升公共服务供给的韧性。

三、数据驱动下的国家治理

（一）国家治理决策中的数据驱动

在现代国家治理中，数据驱动的决策方式正逐渐成为一种重要的趋势。大数据技术的引入，特别是在政府决策过程中的应用，为国家治理提供了新的视角和工具。这种数据驱动的决策方式利用大数据的处理和分析能力，能够显著提高政府决策的质量和效率。

大数据技术使政府能够通过分析大量和多样化的数据集，更准确地洞察社会趋势和民众需求。这种深入的洞察基于对庞大数据量的分析，包括社交媒体数据、经济活动数据、交通流量数据等，这些数据反映了社会的各个方面。通过对这些数据的分析，政府可以获得关于社会发展趋势的宝贵信息，如就业市场的变化、消费者行为的演变、公共安全的热点问题等，这些信息对于政策制定至关重要。

在经济发展方面，大数据分析能够帮助政府更准确地预测经济趋势，制定更有效的经济政策。通过分析产业数据、市场趋势和消费模式，政府可以更好地理解经济周期，制定促进经济增长和稳定的策略。大数据还能够在公共需求的快速响应上发挥重要作用，如在自然灾害或公共卫生危机下，迅速收集和分析数据，为应急决策提供支持。

在城市规划和公共服务提供方面，大数据也显示出巨大的潜力。通过分析城市交通、能源消耗、居民活动等数据，政府可以更有效地规划城市发展，优化公共资源配置。例如，通过分析交通流量数据，可以优化交通系统设计，减少拥堵，提高城市运行效率。

大数据技术在公共健康管理方面也扮演着重要角色。特别是在应对公共卫生事件，如流行病暴发时，大数据分析能够迅速识别疫情的发展趋势，预测疫情的传播路径，为制定防控措施提供科学依据。

（二）数据驱动下国家治理能力的提升

在数字时代背景下，数据驱动的治理决策极大提升了国家治理能力，赋予国家治理以前所未有的数字化能力。这种能力体现在几个关键方面。

数字化治理通过跨越地理界限促进了国家治理的高效协作。在治理实践中，由于任务的专业性和治理结构的复杂性，往往需要跨学科、跨部门间的密切合作解决问题。举例来说，疫情防控工作不单是卫生部门的职责，还必须集合应急管理、交通运输、财政、医疗保健及社区服务等多方力量的共同努力。通过整合信息技术和数据资源，数字治理构建了一个使政府与民众、不同地区以及多个部门之间能够实现信息共享和业务协作的平台，从而达成了跨界共治的目标。

数字化技术为国家治理带来了精细化管理的可能性。面对疫情防控、金融监督、促进消费、支援中小企业等多个领域内对治理精准度的日益提升的需求，突破信息获取的局限性，实施细致入微的管理策略，成为提高治理效能的核心。通过集中和深度分析数据，可以精确识别服务和监管对象的具体需求，确保政策资源能够精准对接，优化资源配置效率。

数字化治理促成了政府与社会主体间的互动协作机制，实现了服务的全面覆盖与反馈的即时循环。这种模式下，政府能够有效延伸其服务触角至各个社会单元，而个体与企业亦能实时向政府提出反馈和建议，共同构建起一个以协同为核心的治理反馈系统，显著提高了治理的效率和响应速度。通过这种及时且积极的互动，政府服务与社会参与之间形成了良性互动，推动了政府功能的优化与社会力量的有效激发。

数字化治理通过提高数据采集的实时性和计算能力，以及构建数字与物理世界的映射，开启了对治理风险的预测。这种前瞻性不仅依赖于对大规模实时数据的快速处理和分析，解决了传统宏观经济分析中数据延迟的问题，而且借助于数字孪生技术，通过在虚拟空间中模拟真实世界的动态，为未来的趋势和潜在风险提供了科学的预测和评估。这种数字化手段的应用，为政策制定和风险管理提供了更加科学、精准的决策支持。

数字化治理带来了治理活动的精细化能力。在数字技术普遍渗透至社会经济各个层面的背景下，大规模的数据收集与整合赋予了对细节的敏锐洞察力。这种能力使得从单个个体、设施到更广泛的社区、城市乃至整个国家的状态都能被详细监测和分析。借此，政府能够将政策和服务精确到每一个微小的治理单元，确保宏观决策与微观实践之间的有效连接。

四、国家数字治理的持续演进

（一）数字技术为国家治理持续赋能

数字治理已经崛起为全方位数字化转型的关键推动力。在政府内部，数字治理正致力于打破数据孤岛的局限，同时重塑业务流程和更新组织架构，从而建立一个权责分明、精简高效、统一的数字化政府结构。同时，数字治理反哺更广阔的经济和社会数字化转型，不仅提升市场效率，还为社会赋权。这种治理模式通过促进信息共享和流通，优化决策过程，为经济发展和社会进步提供了新的动力，同时也增强了公众参与和监督的可能性，促进了社会公正和透明度的提升。

1. 数字治理将持续为政府赋能

面临跨部门和跨层级协同的挑战时，数字治理逐渐成为推动整体政府建设的关键力量。数字化改革的实施，通过打通基层数据流、优化业务流程、削减组织层面的冗余、并精简政府边界，以量化、可比较、可执行的标准为基础，深入推进政府内部功能的综合融合，从而促进整体政府建设的实现。新一代的数字技术正在引导政府形成一个基于数据和算法双重驱动的治理模式，致力于构建精准、实时、预防性的智慧治理体系。这种体系塑造了更具弹性、灵活性和适应性的治理机制，为政府的决策和管理提供了更高效、更精确的支持。因此，数字治理不仅仅是政府功能的优化工具，更是其持续赋能的核心动力，它不断推动政府服务的创新和效率提升，为公共治理带来深刻的变革。

2. 数字治理将持续为市场增效

通过数字技术的应用，数字治理已成为宏观经济管理和服务精准度调节的重要工具，实现了资源配置的高效和准确。利用大数据等数字技术，财税管理和经济政策调控正在经历根本性的变革。例如，税务领域的大数据应用有效促进了税收管理的精细化，从税收源头管理到公正征税的各个环节均体现出成本降低和效率提升的优势。此外，数字技术为市场监管引入了新的维度，将监管的范围扩展到数字空间，形成了创新的数字监管框架。移动技术、实时数据分析和全程可追溯技术等的广泛应用，正推动着监管机构、手段和模式朝向更高效、更精准的方向转变。数字治理通过这些技术创新，不仅优化了市场结构，还为确保市场的公正和高效运作提供了有效支撑。

3. 数字治理将持续为社会赋权

在数字化时代的推进下，社会结构正从工业化时代的中心化模式转向基于网络的多中心协作模式。数字治理成为推动数字社会治理进步的关键手段，它强化了政府与社会的协作，推动治理结构向更加扁平化、赋能社会的方向演变。通过数字化手段，公众参与公共事务和社会治理的渠道变得更加透明、参与性强和公平，同时也为政府提供了更为高效的社会风险感知和决策机制。如市民热线和政务服务评价系统等实践，展现了数字治理在实现人民为中心发展理念上的实际作用，提高了政府服务的透明性和效率，促进了公众与政府间的互动与沟通，从而推动了社会治理的民主化、公众参与和透明化。

（二）数字治理技术的未来发展趋势

在探讨国家数字治理等问题时，重点之一是理解数字治理技术的未来发展趋势，特别是人工智能、大数据、云计算和物联网等技术在国家治理中的潜在发展和应用。这些技术的快速发展和广泛应用预示着国家治理方式的根本变革，它们不仅提供了新的治理工具和方法，还为政府决策提供了更高效、更精确的支持。

AI 技术在国家治理中的应用前景广阔。AI 技术能够通过自学习和数据分析为政府提供决策支持，比如在公共安全、交通管理和社会福利等领域。随着 AI 技术的不断进步，未来政府能够利用这些技术进行更复杂的情景模拟和预测分析，从而制定更为有效的政策。此外，AI 技术还在提高政府服务效率方面发挥作用，例如通过智能客服系统提供 24 小时的公民咨询服务。

大数据技术将继续在国家治理中扮演重要角色。大数据的应用可以帮助政府更准确地理解社会现象和民众需求。通过分析大规模数据集，政府可以洞察社会经济趋势，更有效地制定和调整公共政策。例如，通过分析社交媒体数据，政府能够及时了解民众对某项政策的反应和意见，从而对政策进行及时调整。

云计算技术的应用也为国家治理带来了新的机遇。通过云计算，政府部门可以实现数据和资源的高效共享，提高工作效率。云服务的灵活性和可扩展性使得政府能够根据需要快速调整资源分配，从而更好地应对突发事件和长期的政策需求。此外，云计算还可以降低政府的人力成本，提高数据处理的安全性和稳定性。

物联网技术的发展也为国家治理开辟了新的领域。通过将各种物理设备连接到互联网，政府可以实时监测和管理城市基础设施，如交通系统、能源网络和公共安全系统。物联网技术可以提高城市管理的智能化程度，提升公共服务的质量和效率。

随着这些技术的不断进步和融合，国家治理现代化将步入一个新的阶段，这一阶段将以更高的效率、更广的覆盖范围和更深的民众参与为特征。

在数字治理技术不断演进的同时，政府将能够更加精准地定位和解决社会问题。例如，在公共健康领域，通过分析来自各个医疗机构的大数据，政府能够及时发现和响应传染病的暴发，制定有效的预防和控制措施。在环境保护方面，利用物联网技术监测环境质量，政府可以实时了解污染情况，及时采取行动以保护公共健康和自然资源。

数字技术还为政府提供了更为有效的公民参与平台。通过在线平台和移动应用，政府能够更容易地收集公民意见，使民众直接参与政策制定过程。这种参与不仅提高了政策的适应性和接受度，也增强了民众对政府决策的信任和满意度。

随着数字治理技术的不断发展和应用，政府也需要不断地调整和完善其治理策略。这包括加强技术人员的培训，确保技术应用的适当性和有效性；制定和更新相关的法规，以保护数据安全和公民隐私；以及不断评估和优化技术应用，确保其符合社会发展的需求。

未来，数字治理技术的持续演进将使政府能够更好地应对快速变化的社会环境，提供更为高效、智能和个性化的服务。这不仅将推动国家治理现代化进程，也将为提高公共服务质量和促进社会发展提供强大的动力，并会深刻影响政府工作的各个方面，为实现更加高效、公正和透明的治理目标奠定坚实的基础。

第七章　科学技术发展助力生态文明建设现代化

第一节　科技创新赋能生态治理现代化的缘由

人与自然和谐共生构成了生态治理现代化的核心要求，同时也是中国式现代化的关键特征。历史上，科学技术在推动资本主义工业发展的同时，伴随而来的是一系列严重的生态问题。面对全球日益加剧的环境问题，科技创新被广泛认为是解决"生态危机"的重要手段。

对科技的不当应用引发并加剧了生态危机，同时解决和缓解生态危机也必须依赖于技术创新。这一矛盾促使公众深入探讨科技对生态的正反作用，并反思如何在生态决策中嵌入科技智慧。特别是在以习近平总书记为核心的党中央推动"碳达峰""碳中和"目标、调整产业布局、以美丽中国建设全面推进人与自然和谐共生的现代化，生态治理的现代化变得更加迫切和必要。在科技不断进步和数字化加速的当下，开发以科技革新为驱动力的生态治理新模式成为关键。利用信息通信等前沿技术，不仅能有效应对生态问题，还能减少人类活动对环境的消耗和伤害，成为推动我国生

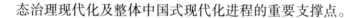

态治理现代化及整体中国式现代化进程的重要支撑点。

一、科技的无节制应用引发生态治理问题

自 18 世纪中叶英国工业革命开启以来，人类的生产方式经历了根本的变革，由手工作坊向机械化大生产过渡，拉开了工业化时代的序幕。科技的进步极大拓展了人类对自然界的认识，促使社会从依赖自然的狩猎与农耕阶段转向积极征服和利用自然资源的工业化路径。这一转变带来的资源消耗、气候变化和生态退化等问题至今仍是全球面临的重大挑战。与此同时，随着科技的持续创新，包括大数据、云计算、物联网、区块链等数字技术在内的新兴科技被广泛运用于环境监测和污染治理，如卫星遥感、无人机监测和大数据分析技术在生态管理中的应用日益增加。这一现象揭示了一个复杂的生态治理悖论：科技既是引发生态问题的关键因素，又提供了解决这些问题的有效手段。

科技在推动经济增长的同时，如果过分追求经济发展目标而忽视生态平衡，将会成为生态危机的促进因素。在早期的狩猎时代，人类对自然的依赖主要是被动的，而随着农耕时代的到来，人类的认知能力、工具使用及畜力的利用使得人类开始主动改造自然。这一阶段，人类通过利用动物力量、木材和生物质燃烧获得能量，以及利用水力和风力驱动机械。但是，由于当时对自然规律的认识有限，人类对自然的改造和利用在科技能力上仍然受到约束，其对环境的影响尚未达到深远程度。

18 世纪 60 年代起，现代科学技术和工业化的发展"一起对整个自然界进行了革命改造，结束了人们对自然界的幼稚态度以及其他幼稚行为"[①]。尤其是化石燃料的化学能向机械能的转换技术，即发动机的发明，标志了能源使用方式的根本转变。从辩证法的视角观察，科技进步极大加快了人类对自然资源的开发利用速度和效率，促进了生产方式的革命和生产力的巨大飞跃。然而，当科技被过度神化，并在资本主义的驱动下被滥

---

① 中共中央马克思恩格斯列宁斯大林著作编译局编：《马克思恩格斯全集（第 10 卷）》，人民出版社，1998，第 254 页。

用时，对环境造成了不可逆转的伤害。简言之，科技的过度利用，尤其是在忽略其对生态系统潜在负面影响的情况下，只为经济发展服务，已成为生态危机的根源之一。

在资本主义体系下，科技不仅成为资本增值的工具，同时也是导致森林破坏、生物多样性丧失、空气与水污染等一系列生态危机的主因。随着工业文明的兴起和连续的技术革命，人类对自然的看法和态度发生了根本变化，科技的使用目的不再局限于满足基本的生存需求，而是转向以获取最大化利益为目的的功利主义。在这一过程中，出于对个人利益的追求，资本家不惜牺牲自然环境。这种以财产和金钱为中心的自然观，本质上轻视和贬低了自然世界。这一扭曲的自然观促使人类持有征服和控制自然的反叛态度，借助先进科技不顾环境的承载力，进行无节制的自然资源开发和消耗。为了满足社会对资源的广泛需求，人类大量开采煤炭、石油等自然资源，造成了自然生态环境的严重退化。因此，将科技的应用仅限于促进经济增长，而忽略了其对生态环境可能产生的长期负面影响，已经成为生态危机的一个主要诱因。

二、科技创新本身蕴含生态价值的基因

科技创新在提升人类开发和利用自然资源效率、引领生产方式革新及促进生产力飞跃方面的贡献显而易见，这些都是其在经济领域价值的体现。但科技创新的影响远不止于此。实际上，科技创新在驱动生产与消费模式的创新中，以扭转环境恶化的趋势发挥着关键作用。具体而言，科技创新在加速生产方式的绿色转型、提高资源和能源的使用效率、构建人与自然和谐共生的体系等方面展现出其重要性和价值。因此，科技创新本身深植有促进生态保护与可持续发展的内在基因，不仅推动经济增长，同时也是实现环境保护与生态平衡的关键动力。

（一）科技进步是推动产业升级和实现生产方式绿色化的关键因素

在新的发展背景下，产业结构的优化升级成为匹配经济增长与环境保护需求的必要条件。面对经济发展中的高耗能、高污染挑战，经济转型迫在眉睫。这一转型核心在于增强经济活动中的科技成分，提升知识和技术在生产中的应用，减少对化石能源的依赖，降低环境负担。科技革新在达成这些目标方面起着决定性作用。

通过推进低碳和可再生能源的研发及应用，科技革新在能源转型和产业升级方面发挥核心作用，为钢铁、石化等传统行业的技术改造和工业过程的低碳化、数字化转型奠定了基础。科技进步还激励了高端制造、高新技术产业和现代服务业的增长，同时最小化环境影响。自20世纪中叶起，科技与经济增长、环境保护的关系愈加紧密，传统产业正通过数字化探索"零碳、绿色、智能"生产新模式，引导产业向高技术含量、低资源消耗、低环境污染方向进展。

得益于科技持续发展，中国在光伏、风能、储能等新兴领域取得突破性进展，形成了传统行业绿色化、智能化、数字化的趋势。绿色产业正在变成中国生态文明和高质量经济增长的关键动力。因此，在促进产业优化和生产绿色化转型过程中，科技创新的生态价值得到了深入展现和应用。

（二）科技进步是促进能源资源的高效使用、推动节能减排和循环经济实现的关键

人类对能源的高效利用直接影响着可持续发展和生存环境。历史上，马克思认识到了科技在减少资源消耗和提升利用效率中的作用，强调了机械改良和科学进步，尤其是化学，能够使先前被视为无用的物质变得有价值。这表明，通过技术革新，能够增加工业生产废料的再利用，提升其价值。科技创新在能源利用效率提升和新能源开发中起着决定性作用。新兴科技如信息技术和人工智能深化了对资源的认识，促使从单一的开发利用

向资源的深度挖掘和复合利用转变。废弃物通过生物转化、化学合成等手段转换为有价值的原料，促进了节能和循环经济的进步。

自党的十八大以来，中国强调了在工业、建筑和交通等关键行业中的节能减排和绿色转型，通过废旧物资的回收利用和现代可再生能源技术的应用，实现了资源高效利用和环境污染减少。这些措施最大化了经济和社会效益，同时最小化了资源消耗和环境成本，为生态文明和美丽中国的建设提供了科技支撑。因此，科技创新本质上融入了生态价值，其在提高能源利用效率、促进节能降耗和推动低碳发展方面的贡献体现了这一点。

（三）科技创新驱动了人类思维和生活方式的转变，进一步催生和深化了生态伦理的认识

马克思在《机器、自然力和科学的应用》指出："火药把骑士阶层炸得粉碎，指南针打开了世界市场并建立了殖民地，而印刷术则变成新教的工具。"[1] 历史上，如火药、指南针、印刷术等重大科技成就不仅催化了社会结构的变迁，也加速了文化与思想的广泛传播。

在今天的"互联网＋"时代背景下，计算机信息、多媒体和数字化技术已成为生活各领域的渗透力量，深刻影响着人们的日常习惯和价值观。例如，环保知识通过视频、音频和图像的传播更加普及，提升了公众对节约和生态保护的认识；共享单车的流行减少了对汽车的依赖，推动了绿色出行的理念；环保功能小程序如"蚂蚁森林"通过奖励绿色行为，促进了公众的环保参与和责任感，展现了数字技术在支持环保行为中的巨大潜力。

随着科技进步和对自然关系认识的提高，越来越多人开始将健康、低碳和可持续的理念实践为日常行为，如垃圾分类、使用环保购物袋、安装节能电器、合理设定空调温度、餐桌剩菜打包等环保习惯成为生活常态。这表明，科技创新在形成和推广人与自然和谐共生的生态伦理观中发挥了

---

① 中共中央马克思恩格斯列宁斯大林著作编译局编译：《马克思恩格斯文集》（第八卷），人民出版社，2009，第338页。

核心作用，其生态价值的内在逻辑在这一进程中得到了广泛应用和体现。

三、"以人为本"理念下的科技发展是治理生态危机的重要手段

科技进步在推动社会快速前行的同时也引发了环境问题的加剧，但科技既能成为生态危机的源头也能作为解决方案的关键，这取决于其在生产活动中的应用方式。实践经验表明，科技创新与生态文明的构建相辅相成。在科技快速发展的当下，现代科技如卫星定位、遥感监测、无人机巡查及大数据分析在生态监管和污染治理中的创新利用，为生态保护开辟了新途径。同时，数字技术如大数据、云计算、物联网和区块链在优化生产与消费模式中减轻了对环境的负担。因此，在"人本"理念的指引下，科技发展已转化为应对生态挑战的关键工具，利用科技创新促进生态环境的持续管理与保护，为生态文明的建设提供了技术保障和智能化方案。

（一）利用互联网技术可以普及绿色发展理念

互联网信息技术作为传播工具的重要组成部分，在唤醒公众生态意识、增强环保行动自觉方面发挥着关键作用。随着互联网技术的普及，新的信息传播方式如微博、微信、抖音等新媒体平台已深刻地改变了信息的传播模式和途径，对于推广绿色发展理念和生态文明建设具有显著影响。

互联网信息技术通过其快速更新、高时效性和强互动性的特点，在生态信息的传播和普及方面扮演着重要角色。这些技术和平台能够迅速传播关于"低碳生活""碳达峰""碳中和""垃圾分类"等生态文明知识，不仅提高了公众对这些重要概念的认识，还增强了社会对生态环境保护的重视。例如，通过社交媒体平台发布的短视频和图文内容，可以生动地展示环保行为的重要性，以及每个人在日常生活中如何实践绿色生活。

互联网信息技术还能有效解读和宣传政府在生态文明建设方面的基本方针和政策法规。通过网络平台，政府和环保组织能够广泛传播环保政策的最新动态，普及相关的法律法规知识，从而提升公众的法律意识和参与度。这种传播方式不仅便捷高效，而且能够覆盖更广泛的受众，使生态文

明建设的理念深入人心。

互联网信息技术在推动公众参与生态保护方面也发挥着至关重要的作用。通过各种新媒体平台，公众可以更加方便地获取关于环保的信息，参与到环保活动中，表达对环境问题的关注。这些平台提供了一个交流和分享的空间，使得公众能够共同探讨环境问题，分享环保经验和做法，从而形成强大的社会支持力量，共同推动生态文明建设。

（二）科技进步能够增加数据透明度，加深人们对生态环境的认知

随着技术的不断进步，人们可以通过数据透明的方式更深入地了解和认识生态环境，从而对人类活动对生态环境的影响有更加直观和深刻的感知。

技术进步，特别是在遥感技术、卫星数据分析和人工智能等领域的发展，已经使我们能够超越传统的时空限制，接触和了解全球各地的环境变化。例如，卫星数据可以展示地下水储量的变化情况，这对于合理开发和利用水资源至关重要。通过对这些数据的分析，可以更好地进行水资源的节约、调配和管理，从而实现对水资源的可持续利用。

地球资源探测卫星的应用使得实时监测环境变化成为可能。这些卫星能够监测臭氧层破坏、工业污染和海洋污染等现象，为全球环境保护提供了强有力的技术支持。这些数据不仅提供了关于环境状况的客观信息，还能作为制定相关环境政策和措施的重要依据。

遥感影像和人工智能技术在生态环境监测方面同样展示出巨大的潜力。它们能够精确地探测森林、草地等自然资源的分布状况和动态变化，清楚地展现资源的消失与新增。这种透明的数据展示使得公众能够直观地看到环境破坏的后果，从而增强环保意识和行动的紧迫性。

虚拟现实（VR）技术为环境保护教育提供了新的手段。通过 VR 技术，人们可以非常直观地体验环境污染、气候变化和冰川融化等过程，这不仅增强了人们对生态环境保护的理解，还加深了对这些全球性问题的记

忆和关注。通过这种沉浸式体验，公众对生态环境保护的意识会得到显著提升。

这种以数据和技术为基础的环境保护方法，是实现"以人为本"理念下科技发展治理生态危机的重要手段，对于推动可持续发展和建设生态文明具有重要的价值和意义。

（三）数字科技可以助力智能管理和辅助决策

在"以人为本"理念指导下，科技发展在治理生态危机中的作用日益凸显，尤其是数字科技在智能管理和辅助决策方面的应用。这些技术的迭代升级，不仅解决了传统互联网时代生态环境监管中的诸多问题，还使得生态治理变得更加精细化、动态化和智能化。

在数字科技的帮助下，生态环境监管面临的数据失真问题得到了有效解决。传统的监管方式往往受限于技术手段的局限性，难以获得准确和全面的数据。而现代的数字科技，如遥感监测、区块链和大数据分析，能够提供更准确、更全面的环境监测数据。例如，遥感监测技术可以收集自然系统中动植物的分类分布数据，这些数据经过集结、计算和可视化分析后，为生态系统的保护提供了科学的决策依据。

区块链技术在生态治理中的应用同样重要。它通过提供不可篡改的数据记录和透明的数据分享机制，有效提高了数据的可信度和监管的透明度。这对于确保环境数据的真实性和监管过程的公正性至关重要。此外，大数据分析的应用使得政府和环保机构能够实现精准的数据分析和规模化协作，提高生态监管的效率和效果。

人工智能在生态环境的监测和管理中扮演着越来越重要的角色。通过利用人工智能进行数据分析，政府可以更有效地进行森林的病虫害监测和防治，及时发现和应对森林火灾、地震和火山活动等自然灾害，从而实现对生态环境的精准监测和科学决策。人工智能技术不仅能够处理和分析大量的环境数据，还能够预测环境变化趋势，为生态治理提供前瞻性的决策支持。

除了以上提到的技术，还有其他数字科技，如物联网和云计算，在生态环境保护中也扮演着重要角色。物联网技术可以将各种环境监测设备连接起来，实现对环境状况的实时监测和管理。云计算则提供了强大的数据处理能力和存储空间，支持复杂的环境数据分析和大规模的生态信息处理。

通过利用这些先进的技术手段，我们不仅能够更有效地监测和管理生态环境，还能够为生态治理提供科学的决策依据。这些技术的应用不仅促进了生态治理的智能化和精细化，也为实现可持续发展和构建生态文明提供了坚实的技术支撑。

第二节　中国碳中和的发展战略及其实践路径

2022 年 3 月 31 日，第六届创新与新兴产业发展国际会议上，中国工程院发布重大咨询项目《我国碳达峰碳中和战略及路径》成果。该重大咨询项目汇集了 40 余位院士、300 多名专家和数十家单位的智慧和力量，重点围绕产业结构、能源、电力、工业、建筑、交通、碳移除等关键领域开展系统性研究。该项目的核心目的是深入贯彻和实施中共中央、国务院关于实现碳达峰、碳中和的重大决策和部署。通过这项研究，旨在为中国实现碳达峰和碳中和目标提供科学的战略指导和可行的路径选择，从而支持国家在应对气候变化和推进绿色发展方面的长远规划。

下面将以图示的方式阐述碳达峰碳中和顶层设计的基本构建：

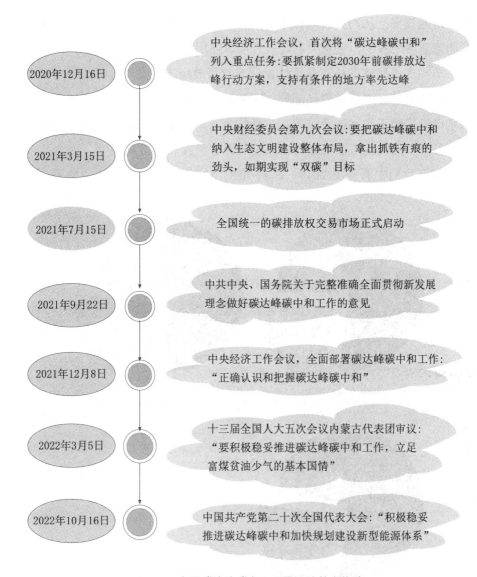

图 7-1　中国碳达峰碳中和顶层设计基本构建

一、中国碳中和的发展战略

（一）节约优先战略

节约优先战略秉持着"节能是第一能源"的理念，旨在不断提升全社会的用能效率，从而为实现碳中和目标奠定坚实的基础。这种战略不仅涉及能源消费的减少，更重要的是提升能源使用的效率和可持续性。

节约优先战略的核心在于认识到节能是最经济、最有效的减排方式之一。这种策略强调通过提高能源效率来减少能源消耗和减轻环境压力，而不是仅仅依赖于增加能源供应。这意味着在产业结构、建筑设计、交通系统等各个方面实施节能措施，以减少能源的消耗和碳排放。

下面我们先看一下 2019—2021 年中国能源消费结构对比，如图 7-1 所示。

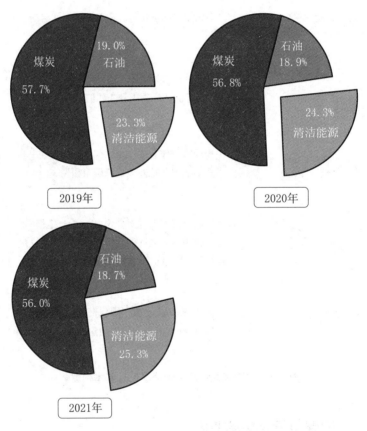

图 7-2　2019—2021 年中国能源消费结构对比

2022 年，全球煤炭消费量增长 1.2%，首次单年超过 80 亿吨，煤炭消费量创历史新高；2022 年，中国与能源相关的 CO_2 排放量约为 121 亿吨，占全球能源活动排放量33%左右，碳排放近七成源于煤炭，中国是全球最大的二氧化碳排放国，88%碳排放量来自能源领域。

在产业领域，节约优先战略涉及推动产业升级和优化能源结构。这包括支持高能效和低碳技术的研发与应用，鼓励企业采用更加节能的生产工艺和设备。同时，政府需要制定相应的政策和激励措施，如能效标准和碳排放限制，以引导产业向更节能环保的方向发展。

在建筑领域，节约优先战略着重于提升建筑能效。这涉及在新建建筑中采用高效的隔热材料、节能设备和智能控制系统，以及对现有建筑进行能效改造。建筑节能不仅能够显著减少能源消耗，还能够改善人们的居住和工作环境，提高生活质量。

节约优先战略强调发展公共交通、鼓励使用节能环保的交通工具以及优化交通规划。这包括推广电动汽车、改善公共交通系统、建设自行车道和步行路径等。这些措施不仅减少了交通部门的能源消耗和碳排放，还有助于缓解城市交通拥堵和提升生活质量。

节约优先战略还涉及增强公众的能源节约意识。这需要政府、媒体和教育机构共同努力，通过教育、宣传和社会活动来提升公众的能源节约和环保意识。公众的参与和支持是实现节能减排目标的关键因素。

（二）能源安全战略

能源安全战略的核心在于确保能源供应的稳定性，减少对化石能源的依赖，应对新能源供应的不稳定性，同时防范油气以及关键矿物对外依存风险。这一战略不仅关乎国家的能源安全，也是实现碳中和目标的重要前提。

化石能源在当前仍然是全球能源结构的重要组成部分。虽然新能源的发展势头强劲，但在短期内完全替代化石能源仍有诸多挑战。因此，在迈向低碳未来的过程中，确保化石能源供应的稳定性是必要的。这不仅涉及能源生产的可靠性，还包括能源运输和储备的安全性。对于中国这样的大国来说，制定和实施有效的化石能源兜底应急计划，对于应对可能的能源危机至关重要。

面对新能源供应的不稳定性，如太阳能和风能的间歇性，能源安全战略需要包含对新能源技术的持续研发和优化。这包括提升新能源的存储技术，以及开发更高效的能源转换技术。此外，建立灵活的能源管理系统，能够在不同能源之间进行有效切换，以应对可能的供应波动，是确保能源安全的另一个重要方面。

在防范油气以及关键矿物对外依存风险方面，战略需要重视能源的多元化和地缘政治风险的管理。随着全球能源市场的波动和国际政治关系的变化，能源供应的安全性面临着各种挑战。因此，多元化能源供应，减少对单一能源来源的依赖，是确保能源安全的关键。这不仅包括开发国内能源资源，还包括寻找多样化的国际能源供应渠道。

推进能源消费结构的转型也是能源安全战略的重要组成部分。随着新能源技术的不断发展和成本的降低，逐步减少对化石能源的依赖，增加清洁能源在能源结构中的比例，是实现碳中和目标的关键。这包括鼓励和支持新能源汽车的发展、推广节能产品和技术及优化能源消费模式。

（三）非化石能源替代战略

非化石能源替代战略的核心在于：在确保新能源安全可靠的基础上，逐步替代传统化石能源，从而不断提高非化石能源在能源结构中的比重。实施这一战略对于实现碳中和目标具有重要意义，它涉及能源生产、消费和技术创新的多个方面。

非化石能源的发展是实现碳中和目标的关键。随着太阳能、风能、水能等清洁能源技术的不断进步和成本的降低，非化石能源越来越能够在经济性和效率上与传统化石能源竞争。因此，政府需要通过政策支持、财政补贴和技术研发等手段，鼓励和加速非化石能源的开发和应用。这包括建设大型风电场、太阳能光伏发电站和水电站，以及在城市和农村推广使用太阳能热水器和生物质能。

为了实现非化石能源的顺利替代，需要保证新能源的安全性和可靠性。这要求在技术创新和基础设施建设上进行重大投资。例如，建设更为高效的电网系统和储能设施，以解决风能和太阳能等新能源的间歇性问题。同时，研发更先进的电力调度和管理技术，以确保电网稳定和电力供应的连续性。

在推进非化石能源替代战略的过程中，还需要考虑到能源消费端的转变。这包括提升建筑和交通领域的能效，推广使用电动汽车和绿色建筑材料，以及鼓励消费者采用节能产品。这些措施不仅能够减少能源消耗，还能够减少对化石能源的依赖。

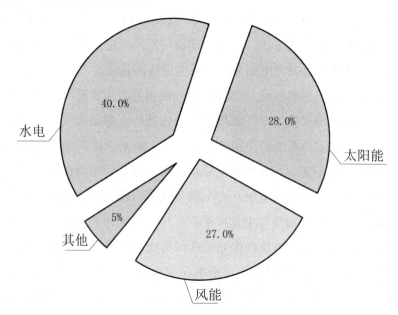

图 7-3　2021 年全球新增可再生能源

注：2022 年，全球碳排放仅增 0.9%，主要得益于中国可再生能源发展对世界做出的贡献。

（四）再电气化战略

再电气化战略着眼于通过电能替代传统燃料，并发展以电为基础的原料燃料，从而大力提升重点部门的电气化水平。再电气化战略的核心在于利用电能的高效、清洁特点，来减少碳排放，同时促进经济的绿色发展。再电气化战略中的电能替代主要指用电能取代化石燃料在工业、交通、建筑等领域的使用。

在工业部门，这意味着用电力代替煤炭、石油和天然气作为能源，以驱动机械和生产过程。例如，采用电炉代替传统的煤炭炉进行钢铁冶炼，或者使用电力代替燃油在化工生产中提供热能。这种转变不仅能减少温室气体排放，还能提升能源利用效率。

在交通部门，再电气化战略涉及电动汽车的推广和充电基础设施的建设。随着电动汽车技术的不断成熟和电池成本的下降，电动汽车成为减少交通部门碳排放的有效方式。此外，建设广泛的充电网络是实现交通电气化的关键，这包括公共充电站和家用充电设施的建设。

在建筑部门，再电气化战略旨在通过使用电力代替燃气和煤炭来供暖和制冷。例如，推广使用空气源热泵系统代替传统的燃油或燃气锅炉进行供暖。这不仅能够提高能源使用效率，还能大幅减少建筑部门的碳排放。

再电气化战略还包括发展电制原料燃料，即利用电力作为原料生产氢气或其他化工产品。通过电解水产生的氢气可以作为清洁能源，在工业生产、交通运输甚至能源储存中发挥重要作用。这种转变不仅有助于减少对化石燃料的依赖，也为能源的多元化和可持续利用提供了新的途径。

实施再电气化战略的挑战在于确保电力供应的稳定性和清洁性。这要求大力发展可再生能源，如风能、太阳能和水能，同时优化电网基础设施，以确保可再生能源的高效利用。此外，还需要在政策、资金和技术上对再电气化进行支持，包括制定鼓励政策、提供财政补贴和投资技术研发。

（五）资源循环利用战略

资源循环利用战略旨在通过加快传统产业的升级改造和业务流程的再造，促进资源的多级循环利用，从而减少资源消耗和环境污染，实现经济的绿色转型。

资源循环利用战略的核心在于改变传统的线性经济模式——"取用弃"模式，转向循环经济模式。在循环经济中，资源在使用后不是被废弃，而是通过回收、再利用、再制造等方式重新进入生产和消费循环。这种转变不仅有助于节约资源和减少废物，还能减少温室气体排放，支持生态系统的健康和可持续性。

对于传统产业来说，资源循环利用战略意味着必须对生产过程进行升级改造。这包括采用更加高效和环保的生产技术，改进原材料的使用效率，以及开发能够循环使用的产品设计。例如，钢铁和水泥行业可以通过提升能效和使用废物作为原料来减少能源消耗和排放。

业务流程再造是实现资源循环利用的关键。这要求企业不仅在生产端实施循环利用，还要在产品设计、包装、物流等方面考虑环保和可持续性。通过整个供应链的优化，资源能够得到更加高效和综合的利用。

推动资源循环利用还需要加强废物回收和处理系统的建设。这包括建立有效的废物分类、收集和处理机制，以及开发和应用先进的废物回收技术。对于某些材料，如塑料和电子废物，开发创新的回收和再利用技术尤为重要。

政策支持是实施资源循环利用战略的另一个关键要素。政府需要通过立法和政策指导，为资源循环利用创造有利的市场环境。这可能包括提供财政补贴、税收优惠和技术支持，以及制定相关标准和规定。

资源循环利用战略也需要公众的广泛参与和支持。这意味着需要通过教育、宣传和政策激励来提高公众对资源节约和循环利用的意识。通过鼓励消费者选择可循环利用的产品，以及参与废物分类和回收，可以提升整个社会的资源利用效率。

（六）固碳战略

固碳战略旨在通过结合生态吸碳和人工用碳，增强生态系统的固碳能力，并推进碳移除技术的研发。实施固碳战略不仅是应对气候变化的关键手段，也是实现长期可持续发展的重要策略。

生态吸碳是固碳战略的重要组成部分，它涉及利用自然生态系统，如森林、草地和湿地，来吸收和存储大气中的二氧化碳。通过保护和恢复这些生态系统，可以提高其固碳能力，对抵御气候变化起到关键作用。例如，通过植树造林、草原保护和湿地恢复等措施，可以增加碳汇的面积和容量。这些自然生态系统不仅能够吸收二氧化碳，还能够提供生物多样性保护、水源涵养和土壤保持等多重生态服务。

但仅依靠生态吸碳并不足以应对日益严峻的气候变化挑战，因此，人工用碳的策略也同样重要。人工用碳包括碳捕捉、利用和封存技术（CCUS），即通过技术手段捕捉排放到大气中的二氧化碳，并将其转化为有用的产品或安全地储存起来。这些技术可以直接应用于电厂、工业生产和其他高排放行业，从而减少这些部门的净碳排放。

推进碳移除技术的研发是实现固碳战略的关键。目前，尽管碳捕捉和封存技术已取得一定进展，但在成本、效率和规模化应用方面仍面临挑战。因此，政府和私营部门需要加大在碳移除技术方面的投资和研发努力，包括提高现有技术的效率和可靠性，探索新的碳移除方法，以及降低技术的应用成本。

实施固碳战略还需要兼顾经济和社会发展目标。在推进生态吸碳和人工用碳的同时，需要确保这些措施不会对当地社区和经济活动造成不利影响。这要求在实施固碳项目时，充分考虑当地的环境、社会和经济条件，采取合适的策略和措施，以确保固碳项目的可持续性。

（七）数字化战略

数字化战略的核心是通过全面推动数字化技术的应用，来降低碳排放并优化碳管理，从而助力生产和生活方式的绿色变革。

数字化技术在提高能源效率方面具有巨大潜力。通过智能化管理系统，可以实现能源的精确调度和优化使用，减少能源浪费。例如，在工业生产中，通过数字化技术可以精确控制生产过程中的能耗，实时监控和调整能源使用，从而显著提高能效。此外，在建筑领域，智能建筑管理系统能够根据实际需要自动调节照明、供暖和空调系统，减少不必要的能源消耗。

数字化技术在促进清洁能源发展方面也发挥着重要作用。利用数字化技术可以更有效地管理和调配可再生能源，如提高太阳能和风能在能源系统中的比重。智能电网技术使得可再生能源的集成和利用更加高效，能够根据电网负荷和天气条件动态调整能源供应，减少对化石燃料的依赖。

在碳管理方面，数字化技术提供了更加准确和透明的碳排放监测和报告手段。通过大数据分析和云计算平台，企业和政府可以准确计算碳排放，实时监控碳足迹，从而制定更有效的减排策略。此外，区块链技术在碳排放交易和跟踪方面也显示出巨大潜力，能够提高交易的透明度和可靠性。

数字化战略还包括利用数字技术推动生产生活方式的绿色变革。在生产领域，数字化制造技术如 3D 打印可以减少材料浪费，实现资源的高效利用。在日常生活中，数字化解决方案如在线办公和虚拟会议减少了交通出行，降低了碳排放。智能家居系统可以提高家庭能效，减少能源消耗。

（八）国际合作战略

国际合作战略基于构建人类命运共同体的理念，强调中国作为大国在应对全球气候变化中的责任和担当，以及在深化国际合作中的积极作用。

国际合作战略的核心在于认识到气候变化是全球性问题，需要国际社会共同努力应对。中国作为世界上最大的发展中国家和碳排放国之一，在应对气候变化方面的行动对全球具有重要影响。因此，中国积极参与国际气候变化谈判，致力于推动达成全球气候协议，如"巴黎协定"，以及在实现全球碳中和目标方面发挥领导作用。

国际合作战略涉及与其他国家在气候变化应对策略和碳减排技术上的合作。这包括共享减排技术、合作进行气候变化研究及开展碳交易市场合作等。通过这些合作，不仅可以加快碳减排技术的发展和应用，还可以提高全球应对气候变化的效率和效果。

中国在国际合作中还承担着帮助发展中国家应对气候变化的责任。这涉及提供资金支持、技术援助和能力建设帮助，尤其是在可再生能源开发、气候适应措施和绿色发展项目方面。这些支持不仅有助于发展中国家提高其应对气候变化的能力，也是实现全球碳中和目标的重要组成部分。

国际合作战略还强调参与全球碳市场和绿色金融机制的重要性。中国可以通过参与国际碳交易市场，促进全球碳排放的减少，并为其自身的碳减排措施筹集资金。同时，中国也可以通过发展绿色金融，促进低碳技术和可持续发展项目的投资，加速全球绿色经济的发展。

二、中国实现碳中和的实践路径

近年来，我国不断面临新型环境问题和持续增加的新型污染物，传统治理技术已显不足，暴露出急需突破的关键性限制。这一现状凸显了一个重要事实：传统经济增长模式已不可持续。这种增长方式在过去或许能支撑经济发展，但在当前环境压力日益增大的背景下，其局限性和不足日益明显。科技创新在这一转型过程中发挥着至关重要的作用，它不仅是经济增长的驱动力，更蕴含着深厚的生态价值。通过科技创新，可以推动经济发展模式的根本转变，从资源依赖型向高效、环保、可持续型转变。科技创新能够提供更加高效、清洁的生产方式和能源解决方案，同时，它也是解决环境问题、提高资源利用效率的关键途径。科技创新的生态价值在于它所推动的是一种全新的、与自然和谐共生的发展模式，而非单纯追求物质资源投入和产出的增长。我们必须"依靠科技创新破解绿色发展难题，形成人与自然和谐发展新格局"[1]"依靠更多更好的科技创新建设天蓝、地绿、水清的美丽中国"[2]。

在推进碳中和目标实现的同时，追求高品质发展的核心在于深化科技

---

[1]　中共中央文献研究室编：《习近平关于社会主义生态文明建设论述摘编》，中央文献出版社，2017，第 34 页。

[2]　中共中央党史和文献研究所编：《习近平关于总体国家安全观论述摘编》，中央文献出版社，2018，第 161 页。

创新在我国环境管理现代化进程中的应用与实践。这意味着要不断增强科技创新在环境保护中的运用，重点突破关键技术难题，增强科技创新对环境治理现代化贡献的力度。同时，致力于把握全球尖端科技动态，建立一个符合生态治理现代化需求的科技创新系统，挖掘科技创新在生态管理现代化过程中的深层次价值。还需激励政府、企业、民间组织及公众等多方参与到生态治理中，通过集结各方面资源，拓宽科技创新在生态治理现代化应用的广度。

（一）着重强调科技创新在生态治理领域的持续应用，强化科技创新在推进"碳中和"目标中的关键角色

"十四五"规划提出的"国际大科学计划和大科学工程""国家重大科技项目的实施""重大科技创新平台的建设"以及"国家重大科技基础设施的布局"等战略，展示了对于生态治理现代化的深刻认识和对科技投资的坚定决心，彰显了政府在污染防控和生态恢复方面的支持与承诺。

资金的投入仅是实现生态治理目标的基础条件之一，科技创新在其中扮演着至关重要的角色。在土壤修复、水体净化、大气污染控制等关键生态治理领域面临的技术挑战需通过科技创新来解决。加快这些关键领域的技术研究、开发及成果的广泛应用成为当务之急。从技术设备更新换代、推广大气污染物的超低排放技术、扩大清洁能源使用范围，到数字技术在环境监测中的应用，及污染源追踪、环保材料及高效污染控制装备的研发，都亟须科技创新措施。

"生态环境投入不是无谓投入、无效投入，而是关系经济社会高质量发展、可持续发展的基础性、战略性投入。"[1]在环境保护和生态治理方面的资金投入和科技投入，不仅是对人类生存环境的保护，也是对经济社会持续发展潜力的投资，体现了中国实现碳中和目标的坚定决心和全面实践路径。

---

[1]　《习近平在江苏考察时强调贯彻新发展理念构建新发展格局推动经济社会高质量发展可持续发展》，《人民日报》2020年11月15日。

（二）紧盯国际领先科技，主动推进现代生态文明建设的新格局，深化和扩大科技创新在生态治理中的作用

十八大以来，我国在科技创新领域实现快速发展，技术革新、系统建设和国际合作等方面均取得了显著成就。然而，与发达国家相比，我国在技术装备水平、独立研发能力及关键核心技术领域还存在一定差距，突显了通过科技创新来弥补这些差距的重要性。

国际经济发展的大势表明，科技创新是现代化发展的决定性因素。特别是在生态治理方面，科技创新的重要性不可忽视。例如，卫星定位、遥感监测、无人机巡护、大数据分析等现代科技已在中国的生态环境监管和污染防治中发挥重要作用。然而，在诸如污水处理、大气污染物治理、农业污染治理、土壤污染治理等关键技术领域，科技创新的潜力尚未充分发挥。

面向未来及更长远的发展的"十四五"规划，聚焦科研力量于生态保护核心难题，提升科技在生态治理中的核心支撑能力。面向提升环境质量及建立人与自然和谐共生的新时代目标，中国须强化科技创新及其成果的实际应用，将数字技术深度整合入生态环境保护中，打造以科技创新为核心的生态治理现代化新框架。为了在激烈的国际竞争中稳步向前，"十四五"规划提出科技发展要"瞄准人工智能、量子信息、集成电路、生命健康、脑科学、生物育种、空天科技、深地深海等前沿领域，实施一批具有前瞻性、战略性的国家重大科技项目。"[1]提升经济发展的技术含量和可持续发展的能力，积极抢占科技竞争和未来发展的制高点。

实施重大科技专项和开展前沿技术攻关是实现碳中和战略的重要途径。着力解决技术瓶颈问题，尤其是在核电、水电、风电、光伏和氢能等清洁能源领域的核心技术突破，对于强化生态环境监管和污染防治至关重要。此外，信息化和人工智能技术与生态治理的深度融合，将有助于提高

---

[1] 《中共中央关于制定国民经济和社会发展第十四个五年规划和二〇三五年远景目标的建议》，《人民日报》2020年11月4日。

环境监测的精准度和效率，同时促进环保行业的智能化和自动化，实现经济效益与生态效益的双赢。

以产业结构优化升级为重要手段实现经济发展与碳排放脱钩，是实现碳中和的关键策略。这要求从传统的高能耗、高污染产业模式转变为更加清洁、高效的产业结构。包括支持高新技术产业、服务业和其他低碳经济领域的发展，同时逐步淘汰落后产能和高排放行业。产业结构的转型不仅有助于减少碳排放，还能促进经济的持续健康发展。

以电气化和深度脱碳技术为支撑，推动工业部门有序达峰和渐进中和，是实现工业领域碳中和的关键路径。这包括提升工业能效，推广使用低碳和无碳能源，以及开发和应用碳捕获、利用和封存技术（CCUS）等深度脱碳技术。通过这些措施，可以减少工业生产过程中的碳排放，实现工业部门的绿色转型。

加快构建以新能源为主体的新型电力系统，安全稳定实现电力行业净零排放，是实现能源领域碳中和的关键举措。这要求大力发展风能、太阳能等可再生能源，同时优化电力系统的结构和运行机制，确保电力供应的稳定性和清洁性。新型电力系统的构建将有助于降低整个社会的碳足迹，推动能源生产和消费的绿色转型。

以突破绿色建筑关键技术为重点，实现建筑用电用热零碳排放，是实现建筑行业碳中和的重要方向。这包括推广使用节能建筑材料、优化建筑设计、提升建筑能效以及推广使用可再生能源。通过这些措施，可以大幅降低建筑行业的能耗和碳排放，推动建筑行业向更加绿色、可持续的方向发展。

打造清洁低碳、安全高效的能源体系是实现碳达峰碳中和的关键和基础。这需要从能源生产和消费两端同时着手，减少对化石燃料的依赖，同时大力发展可再生能源。在能源生产方面，加大对太阳能、风能、水能等清洁能源的投资和研发，是减少碳排放的有效途径。同时，提高能源利用效率，减少能源浪费，也是实现低碳转型的关键。此外，推动核能安全利用，发挥其在减排方面的潜力，也是构建低碳能源体系的重要组成部分。

通过高比例电气化实现交通工具的低碳转型，是推动交通部门实现碳达峰碳中和的关键措施。交通部门是碳排放的主要来源之一，因此低碳转型对于实现整体碳中和目标至关重要。电气化，尤其是电动汽车的推广，可以显著降低交通部门的碳排放。这不仅包括私家车的电动化，还包括公共交通工具，如电动巴士和轨道交通的发展。此外，建设充足的充电基础设施，提供优惠政策和经济激励，对于促进交通电气化至关重要。

运筹帷幄做好实现碳中和"最后一公里"的碳移除托底技术保障，是实现长期碳中和目标的必要补充。尽管通过提高能效和推广低碳能源可以显著减少碳排放，但为了实现净零排放目标，还需要实施碳移除技术。这包括碳捕获、利用和封存技术的发展和应用，以及其他潜在的碳移除方法。这些技术可以捕捉和移除大气中的二氧化碳，为实现碳中和的长期战略提供支持。

（三）实现碳中和发展战略不仅仅是政府的职责，而是涉及政府、企业、社会组织和公众等多方面的综合共治

这种多元化参与的模式要求探索科技创新在生态治理中的新应用和突破，形成一个共治共享的生态治理框架。

具体来说，政府需要在制定政策、监督实施、提供支持和激励措施方面发挥领导作用；企业作为生态治理的重要参与者，应积极探索绿色技术和可持续实践，同时促进环保技术的创新和应用；社会组织可以发挥桥梁和纽带的作用，协调不同利益方、推广环保意识和行动；而公众的参与则是通过提升生态意识、参与社区环保行动等方式，为生态治理贡献力量。

1. 从党和政府角度

必须摒弃以资本增殖为目的的科技创新模式，转而树立以科技创新服务人民、保护生态环境的理念："要把满足人民对美好生活的向往作为科技创新的落脚点，把惠民、利民、富民、改善民生作为科技创新的重要方

向。"① 生态环境是事关经济高质量发展的重大问题，也是人民群众创造和追求美好生活最基础最现实的问题，从最终目的来看："发展经济是为了民生，保护生态环境同样也是为了民生。"② 这要求党和政府明确科技创新的价值导向，协调科技发展与生态环保的关系，确保科技创新在促进经济发展的同时，降低对生态环境的负面影响，从而提升公共福祉。

政府需发挥引导作用，通过公共投资、财政激励、税收优惠等措施，推动绿色科技领域的创新发展。此外，政府应与高等教育机构、科研机构合作，加强对生态治理领域的新时代创新人才的培养，确保有足够的管理和科技创新人才支持生态治理的现代化。

政府应有效利用微博、微信、博客、短视频平台等新媒体工具，普及科技创新知识，传播绿色发展理念，提升公众的环保意识和参与积极性。通过这些途径，不仅可以提高社会对科技创新在生态治理中作用的认识，也能促进公众对环保的认识和自觉行动，为实现碳中和目标提供坚实的社会基础和智力支持。

2. 从企业角度

环境政策和法规的制定及实施必须优先于自由商业实践，并能突破仅以经济利益为导向的思维。为此，政治决策者与企业间需要达成共识，以促进公共与私人利益的和谐发展。

对于企业，要在思想层面认识到自然资源的有限性和保护生态环境的重要性。只有树立低碳发展的理念，企业才能在其生产活动中最小化对生态环境的负面影响。

企业必须加强对生态环境保护的责任意识。随着企业规模的扩大，对自然和社会资源的需求也在增加，因此，企业在追求盈利的过程中，也必须主动履行环境保护的职责。这涉及遵循环境评价流程、获取污染排放许可、确保污染防控措施得到有效执行以及对危险废弃物进行规范处理等行为。

---

① 习近平：《习近平谈治国理政第三卷》，外文出版社，2020，第 249 页。
② 习近平：《习近平谈治国理政第三卷》，外文出版社，2020，第 362 页。

企业还应依照国家科技创新策略，加快绿色环保技术的研发与应用，促进信息技术、人工智能、新能源、新材料等新兴产业的成长。通过采取这些措施，企业可以在生产活动中降低对资源和能源的依赖，进而提高自身的经济效益和市场竞争力，有助于推进中国达成碳中和目标。

3. 从社会组织角度

社会组织在推进碳中和目标实现过程中扮演着关键角色，尤其是在促进政府与公众间信息交流和推动生态治理方面。应当积极学习科技创新与生态治理的相关理论和实践，深刻掌握国家的环保政策和生态文明构建战略，同时了解科技在生态治理中的创新性应用。社会组织需清晰认识到，生态治理现代化对于中国现代化道路的重要性，进而在实现碳中和战略中贡献力量。

为了加强国际合作和交流，科技和环保类社会组织应以全球视角参与国际对话。科技的普适性和社会性特征表明，科技创新及其应用不仅是国内问题，更是全球性问题。因此，社会组织应积极参与国际会议、论坛、竞赛和夏令营等，以解决生态治理中的关键问题和推动创新技术在生态治理中的应用。

社会组织应充分利用互联网技术和社交网络平台，加强与公众的交流互动。通过组织和动员公众参与环保公益活动，提高公众在生态治理工作中的参与感和获得感。这样的社会动员和参与是实现碳中和目标的关键环节，有助于构建一个全民参与的生态治理共同体。

4. 从民众角度

公众的积极参与和自觉行动不仅仅是一种象征性的表态，而是将科技创新赋能生态治理的理念深植于心，并付诸实际行动。首先，公众应从思想层面强化社会责任感和主体意识，牢固建立起节约资源和保护环境的观念。这需要公众深刻理解人类生存发展与自然生态环境之间的互依性。其次，公众应培养创新意识和科学思维，利用互联网信息技术有效监督和揭示生态破坏和环境污染问题，积极为碳达峰和碳中和目标的实现提供建议和智慧。借助网络技术和互动平台，如微博、微信、小红书、抖音、快手等，公众可以更容易地获取环境信息、表达观点、参与生态治理，从而体现科技创新赋能生态治理现代化的民生关怀和价值导向。最后，公众应身体力行，自觉践行绿色生活和消费方式，将环保理念与日常生活紧密结合。例如，通过选择公共交通、新能源交通工具共享出行减少碳排放，利用远程视频会议减少商务出行，选择智能家居系统以节能降耗，执行垃圾分类以减轻环境压力，参与网络公益植树活动等，均是实现碳达峰和碳中和目标的具体行动。每个人都应成为生态文明建设的宣传者、实践者、推动者和引领者，在应对气候变化和环境保护中发挥积极作用。

第三节　可再生能源技术的发展及其探索应用

可再生能源，作为一类在使用过程中能够通过自然循环持续自我更新的能源，与有限而会耗竭的非再生能源形成鲜明对比。这类能源包括太阳能、风能、水力能、地热能等，其特点在于可持续性和对生态环境的低影响性，使之成为绿色低碳能源的代表。在全球面临环境挑战和气候变化的大背景下，可再生能源的开发和应用对于优化能源结构、保护生态环境、促进经济社会的可持续发展具有深远意义。

可再生能源的核心优势在于其"不竭"特性，即这类能源在自然界中的存在和补充不受人为因素制约，且资源量巨大，理论上可以无限期地利用。与此同时，可再生能源的开发和利用过程中，其对环境的破坏和污染远小于传统的非再生能源，如煤炭、石油和天然气等。这不仅使得可再生能源成为实现能源供应多元化和清洁化的关键，也为全球环境保护和减少温室气体排放提供了有效途径。

2022年，可再生能源的发展和应用在中国的能源领域取得了显著成就。全年新增的可再生能源装机容量达到了152亿千瓦，占到了国内同期新增发电装机总量的76.2%，成为新增电力装机的主导力量。可再生能源装机在全部发电总装机中占比上升至47.3%；2023年上半年，我国可再生能源装机历史性超过煤电，约占我国总装机的 48.8%。值得一提的是，2022 年风电和光伏的年发电量首次突破 1 万亿千瓦时，这一数字接近国内城乡居民生活用电量。

一、可再生能源技术的发展现状及应用

（一）太阳能技术

太阳能作为一种广泛可获得的可再生能源，其利用技术已成为现代社会重要的能源转换途径之一。随着科技的进步，太阳能技术在提高能量转换效率、降低成本以及适用性方面取得了显著进展。

太阳能技术的核心在于利用太阳辐射能进行能量转换。传统的太阳能技术主要包括光热转换和光电转换两大类。光热转换技术，即利用太阳辐射的热能进行能量转换，主要应用于热水供应和空间加热等。这种技术通过太阳能集热器吸收太阳辐射，将其转换为热能，用于加热水或其他工质。

光电转换技术则通过太阳能电池板直接将太阳光转换为电能。随着材料科学和电子工程的发展，太阳能电池板的转换效率不断提升，成本也在持续降低。现代的太阳能电池板，如单晶硅和多晶硅电池板，以及薄膜太阳能电池，都是通过优化材料的光吸收特性和电子传输特性来提高转换效率。其中，薄膜太阳能电池因其较轻的质量和可弯曲的特性，更适用于一些特殊场景，如可穿戴设备和建筑一体化。

太阳能技术的创新还包括纳米技术在太阳能电池中的应用。纳米材料由于其独特的光学和电子性质，为提高太阳能电池的效率和降低成本提供了新的可能性。例如，纳米结构的应用可以增加太阳能电池表面的光吸收区域，提高光吸收效率。

在太阳能技术的利用方式方面，光热转换、光热电转换、光电转换和光化学能转换是目前的主要方向。光热转换和光热电转换技术主要用于产生热能和电能，而光电转换技术则直接将太阳光转换为电能，是目前最

为广泛应用的太阳能技术。光化学能转换技术则涉及将太阳能转换为化学能，例如通过光催化分解水产生氢气，这在太阳能燃料的研发中具有潜在的重要价值。

（二）风能技术

风能，作为一种清洁、可再生的能源，通过转化自然风能来产生电力，在当代可再生能源应用领域占据重要地位。

风能的利用主要依赖于风力发电技术，这一技术已经进入了相对成熟的发展阶段。传统风力发电的基本原理是利用风力驱动风轮旋转，通过发电机转化为电能。然而，这一过程受到风速、气压、湿度等气象条件的显著影响，这些因素限制了风能发电的灵活性和效率。为了克服这些限制，近年来的技术发展着重于提高风力发电的可靠性和效率。

随着技术的不断进步，风能应用技术也变得更加完善。智能化控制系统的发展使得风力发电机组可以更有效地响应风速变化，提高发电效率。此外，可调节叶片技术的应用使风轮能够根据风速的变化调整叶片角度，最大化能量捕获。这些技术的进步不仅提高了风力发电的经济性，还增强了其在复杂气候条件下的适应性。

风电项目的选址通常位于戈壁滩、大草原和沿海滩涂地区，这些地区拥有丰富的风能资源，但同时也带来了开发上的挑战。例如，这些地区的地理位置可能较为偏远，交通和后勤支持较为困难。然而，这些挑战可以通过加强基础设施建设和提高物流效率来克服。在这些地区开发风电，既可以利用荒地进行清洁能源生产，又可以降低对农田和居民区的影响，避免了与民争地的矛盾。

风电建设的环境影响相对较小，尤其是在荒凉地区。虽然风电机组会占用一定面积的土地，并可能产生噪声污染，但这些影响在荒凉地区通常不会对社会和环境造成显著影响。此外，风电场的建设还可以对当地环境产生积极影响，例如通过削弱风速来减少沙尘暴的发生。

通过技术创新和优化应用，风力发电不仅能够提供清洁、可持续的电力，还能够为偏远和荒凉地区的经济发展和环境改善作出贡献。

（三）水力能技术

水力能是一种利用水的动能来产生电能的可再生能源，具有清洁、可持续和成本效益高等特点。虽然水力发电在20世纪初已广泛应用，但其发展仍受到地理环境和水资源分布的限制。近年来，随着科技进步，水力能应用的领域和效率不断提升，尤其是中小型水力发电系统的发展和应用。

水力发电的基本原理是通过水轮机转化水的动能为机械能，再通过发电机将其转化为电能。传统的大型水力发电站多建在河流的大坝处，能够提供大规模的稳定电力。然而，大型水电站的建设往往对当地的生态环境和社区产生重大影响，如水库淹没、生态系统破坏和移民问题。此外，大型水电站的建设和运营成本较高，且易受气候变化和季节性水流变化的影响。

与此相比，中小型水力发电系统因其较小的规模和对环境影响较低，正成为水力能应用的重要方向。这些系统通常建在小河流或已有的水利设施上，如灌溉渠和城市供水系统。中小型水电站具有建设周期短、投资相对较低和易于维护的优点。此外，这些系统更加灵活，能够根据当地的水资源条件和电力需求进行定制设计。

小型水力发电系统在一些特殊场景中尤为重要，如偏远地区和农村的电力供应。在这些地区，电网覆盖不足或完全缺乏，小型水力发电提供了一种可靠、经济的电力解决方案。例如，在山区和河流丰富的地区，小型水电站可以为当地社区提供基本的电力需求，支持灯光照明、通讯和小型工业发展。

水力能技术的发展还包括提高水轮机的效率、开发波浪能和潮汐能等新型水能技术。随着材料科学和机械工程的进步，现代水轮机的设计更加高效和环保。同时，波浪能和潮汐能作为水力能的新领域，已经显示出巨大的潜力，特别是在沿海地区。随着技术的进步，该领域将会有所突破。

随着科技的不断进步和小型化、分布式水电系统的发展，水力能预计将在全球能源市场中继续扮演关键角色，特别是在提供偏远地区和发展中国家可靠电力方面。

（四）地热能技术

地热能是一种源自地球内部的天然热能，作为一种在自然界中持续存在的可再生能源，其潜力巨大但同时也面临着一定的应用局限性。地热能的基本原理是利用地球内部的热能进行能量转换。根据地下深处地热资源的丰富程度，按目前的技术，地热井可钻至大约4000米深度，而在这一深度下，地壳浅层贮存的热量相当于数亿亿吨标准煤。这表明，地热能源的潜力巨大，理论上可以满足全人类数百年的能源消耗需求。地热能的技术应用主要集中在几个领域：地热发电、温泉洗浴和医疗。这种系统通常在建筑物的设计和施工阶段就被考虑和集成，尤其适用于那些地热资源丰富的地区。

地热发电是另一个重要的应用领域。这种发电方法通常涉及利用地热能驱动涡轮发电机，产生电力。与传统的火力发电相比，地热发电是一种更为清洁和可持续的能源利用方式。然而，地热发电的效率和成本效益往往受限于地热资源的品质和地理位置。在休闲和保健方面，地热能的利用也显示出强大的潜力。近年来，随着社会经济的发展和人民生活水平的提高，地热资源尤其是温泉的休闲和保健价值越来越受到重视。温泉洗浴、游泳、娱乐和保健理疗等形式多样的活动不仅为公众提供了休闲放松的机会，也成为促进地方经济发展的一种方式。

地热能技术的挑战主要在于其对地理位置的依赖性，以及资源开发和利用过程中的环境影响。尽管如此，随着技术的进步和创新，特别是在地热能的高效利用和环境影响最小化方面的研究，地热能作为一种可再生能源，在未来的能源结构中仍然扮演着重要角色。综上所述，地热能技术的发展及应用在推动可持续能源发展和实现碳中和目标方面具有重要意义，值得进一步探索和发展。

二、中国可再生能源的发展特点

中国在可再生能源领域的发展已经处于国际领先地位，其发展特点与国际上的可再生能源发展现状高度一致。

（一）可再生能源消费持续提速，推动能源结构优化升级

近年来，可再生能源消费持续增长，这得益于其清洁、无尽的特性，使得可再生能源成为应对气候变化、减少环境污染的关键。近年来，中国政府加大了对可再生能源的政策支持和资金投入，通过一系列的激励措施，促进了风能、太阳能、水能和生物质能等可再生能源的消费增长，也加速了其技术创新和应用普及，推动了能源结构的优化升级。

可再生能源在中国能源结构中所占比例的持续提升，体现了能源结构的优化升级。为实现碳排放减少和碳中和目标，中国正努力减少对化石能源的依赖，逐步增加清洁能源在总能源消费中的比重。这种能源结构的转变，不仅有助于降低整个国家的碳排放强度，也促进了能源消费方式的绿色转型。

能源结构的优化升级不仅涉及能源生产，还包括能源的储存、运输和分配，以及与之相关的服务业。此外，可再生能源产业的发展还带动了相关产业链的成熟，如光伏材料和风力发电设备的制造等。

（二）可再生能源利用水平提升，但潜力依然巨大

中国在可再生能源领域的发展已经取得了显著的成就，尤其是在风能和太阳能利用方面。过去几年中，中国已经成为全球最大的风电和太阳能市场之一。尽管可再生能源产能迅速增长，但其潜力仍然巨大。中国庞大的能源需求和不断增长的工业化和城市化进程，为可再生能源提供了广阔的市场空间。特别是在远离城市和工业中心的西部地区，风能和太阳能资源丰富，但由于电网接入和能源分配的限制，这些资源的开发和利用尚未达到潜在的最大化水平。此外，由于可再生能源特别是风能和太阳能的间

歇性和不稳定性，其在电力系统中的有效整合和平衡成为提升消纳潜力的重要挑战。

（三）技术进步带来可再生能源平均发电成本持续下降

过去几年，中国在风能和太阳能等领域的技术革新和规模扩大显著降低了发电成本，从而有效推动了可再生能源的广泛应用和产业发展。

技术进步是推动可再生能源发电成本下降的主要驱动力。在太阳能领域，光伏电池的效率提升和生产成本的降低是减少发电成本的关键。随着生产规模的扩大和生产技术的改进，光伏电池的制造成本大幅下降，同时，光伏电池的转换效率也在不断提升。这些技术的提升，使得太阳能发电的成本逐渐接近甚至低于传统的化石燃料发电。

在风能领域，风力发电机组的技术创新也显著降低了发电成本。随着叶片设计的优化、材料的改进和控制系统的升级，风电机组的发电效率得到提升。此外，风电场的规模化建设和运营管理的优化也在降低风电成本方面起到了重要作用。例如，通过提高风电机组的容量因子和降低维护成本，可以有效降低单位电力的成本。

规模效应是降低可再生能源发电成本的另一关键因素。随着中国可再生能源市场的快速发展，大规模生产和安装使得单位成本显著降低。在太阳能产业中，规模化生产降低了原材料和组件的采购成本。在风能产业中，大型风电项目的建设减少了建设和运营成本。规模化不仅提高了生产效率，也促进了行业内部的竞争和技术创新。

政策支持和市场机制也在降低可再生能源成本方面发挥了重要作用，为可再生能源的发展提供了稳定的支持。同时，市场化改革，如电力市场的建立和完善，提高了能源分配的效率，从而降低了整体的运营成本。

（四）可再生能源发展激励机制的转型

中国政府通过一系列政策制定、财政补贴和市场激励机制的建立，为可再生能源产业的发展提供了强有力的支持和推动力。

政策制定方面，中国政府出台了一系列鼓励可再生能源发展的政策和法规。这些政策包括对可再生能源项目的优先电网接入、优先发电调度，以及对可再生能源发电的价格补贴和税收优惠。例如，风电和太阳能发电项目享受的上网电价政策，保障了这些项目的经济可行性和投资回报。此外，可再生能源法等法律框架的建立，为可再生能源的发展提供了法律保障和制度支持。

在财政补贴方面，政府通过直接补贴的方式降低了可再生能源项目的投资成本和运营风险。这些补贴措施包括对设备制造、项目建设和运营等各个环节的补贴。通过这种方式，政府有效地降低了可再生能源特别是新兴技术的市场准入门槛，激发了企业投资可再生能源产业的积极性。

市场激励机制的建立也对可再生能源产业的发展起到了推动作用。中国政府推出的绿色证书交易、碳排放权交易等市场机制，不仅增强了可再生能源的市场竞争力，还促进了清洁能源消费的增长。这些市场机制通过将环境效益量化，并在市场上进行交易，为可再生能源的发展创造了新的利润点。

值得注意的是，随着可再生能源产业的成熟和成本的降低，政府的激励机制也在逐渐转型。从依赖财政补贴逐步过渡到更加市场化的运作方式，这表明可再生能源产业正逐渐从政府驱动转向市场驱动。这种转型不仅有助于提高行业的自我发展潜力，也促进了可再生能源市场的健康和可持续发展。

三、可再生能源技术的发展趋势

加快推动可再生能源技术发展，是保障世界能源安全和推动能源转型发展的必然要求。我国可再生能源技术在未来有以下几个方面的发展趋势：

（一）推动新能源电力系统多元融合，助力可再生能源跃升发展

在发电侧，重点是构建以风能、太阳能、水能和储能（风光水火储一体化）为基础的供电系统。这种一体化系统不仅提高了可再生能源的利用效率，还增加了电力供应的稳定性。例如，风光水火储一体化系统通过风能和太阳能发电结合燃气发电和电池储能，能够在风速低或日照不足时仍保持稳定的电力供应。这种多元融合的供电系统有效解决了可再生能源如风能和太阳能的间歇性问题，提高了电力系统的可靠性和灵活性。

在输电侧，探索热力、氢能等多元化的能量载体是提高能源效率和优化能源结构的重要方向。传统的电力输送方式主要依赖于电网，但随着能源形态的多样化，开发新型能量载体成为推动可再生能源利用的重要途径。例如，氢能作为一种清洁能源载体，可以通过电解水产生，并储存或运输到需要的地方。这种多元化的能量载体不仅能够提供更加灵活和高效的能源使用方式，还有助于降低能源传输过程中的损失。

在消费侧，分布式就地开发利用可再生能源是提高能源利用效率的关键。这种方式尤其适用于工业生产等大用户，通过在就近地区开发和利用可再生能源，可以直接满足当地的能源需求，减少长距离能源传输的需要和损耗。例如，工业园区可以建设太阳能光伏电站或风力发电机，直接供应工业生产所需的电力。这种就地开发利用可再生能源的方式，不仅降低了电力传输的损耗，也增强了能源供应的安全性和可靠性。

（二）抽水蓄能发展将进一步坚持需求导向

抽水蓄能是一种重要的电力储存技术，特别是在可再生能源如风能和太阳能等间歇性能源的电力系统中发挥着关键作用。随着电力系统对稳定性和可靠性的需求日益增长，抽水蓄能技术的发展被寄予厚望。

抽水蓄能技术的基本原理是利用电力将水从低处抽送到高处储存，当电力需求增加时，再释放水流经涡轮发电。这种技术在电力需求低时储存

能量，在需求高时释放能量，从而平衡电网负荷。这对于整合可再生能源至关重要，因为风能和太阳能的产出往往与消费需求不同步。

电力系统需求的导向性是抽水蓄能发展的关键。为了有效地整合可再生能源，必须准确评估电力系统的需求和容量限制。抽水蓄能项目的规划和发展需要紧密结合电网的需求变化，尤其是在可再生能源日益增加的背景下。通过开展抽水蓄能发展需求更新论证工作，可以确保抽水蓄能项目与电网发展规划和可再生能源的接入需求相协调。

抽水蓄能项目的合理有序发展是实现电力系统高效运行的关键。不当的抽水蓄能项目规划可能导致资源浪费或电网不稳定。因此，抽水蓄能项目的规划需要考虑多种因素，如地理位置、环境影响、项目成本以及与电网其他部分的相互作用。合理规划的抽水蓄能系统不仅可以提供电力系统所需的灵活性和调峰能力，还可以提高电力系统的总体效率和可靠性。

随着电力市场和可再生能源技术的发展，抽水蓄能在未来的电力系统中将扮演越来越重要的角色。这不仅因为其作为电力储存手段的直接作用，更因为其在整合可再生能源、提高电力系统灵活性和稳定性方面的潜在价值。

（三）海上风电向深远海迈进，老旧风电迎来技术迭代

海上风电因其更大的风能资源潜力和对陆地空间冲突的减少正逐渐成为风能领域的发展重点。同时，随着风电技术的进步和老旧风电场设施的老化，技术迭代成为提升效率和延长运营周期的必要措施。

深远海海上风电的开发是对传统近岸海上风电的扩展。相比于近岸海上风电，深远海区域通常具有更强的风力资源，但同时也面临更复杂的环境条件和更高的建设及维护成本。因此，深远海海上风电开发的顶层设计必须综合考虑技术、经济、环境和安全等多重因素。关键技术的创新，如改进的浮式风力发电平台、更强的抗风浪能力和高效的远程维护技术，是深远海开发的核心。此外，体制机制的创新，如融资模式、风险管理和政策支持，也是促进深远海风电发展的重要因素。

至于老旧风电场的改造和升级，随着风电技术的发展，早期建立的风电场的设备和技术已逐渐落后，效率低下且运维成本增加。因此，老旧风电场的技术迭代成为提高能效、降低成本和延长运营寿命的关键。到2023年，老旧风电场改造升级已经进入小规模批量应用阶段。这些改造通常包括更换更高效的风力涡轮机、优化控制系统和电力传输设备。通过技术升级，可以显著提高风电场的发电效率和经济性，同时也有助于降低维护成本和提高系统的可靠性。

（四）光热发电和海上光伏向降本增产发力

光热发电技术是利用太阳能集热器集中太阳辐射，通过热交换转换成蒸汽，驱动涡轮发电的技术。光热发电具有储能能力，可以在太阳能辐射不足时继续发电，因此在可再生能源领域具有独特的优势。光热发电的主要挑战在于高昂的建设和运营成本，因此，当前光热发电技术的发展重点是通过关键技术攻关实现成本的持续降低。这包括提高热能转换效率、降低热能损失、优化系统设计以及开发更经济的材料和组件。通过这些技术创新，可以显著降低光热发电项目的建设和运营成本，提高其在能源市场的竞争力。

水面光伏作为一种新兴的太阳能利用形式，正在迅速发展。水面光伏系统通常安装在水体表面，如湖泊、水库和近海区域，能有效利用水面未被占用的空间进行太阳能电力的生产。水面光伏的优势在于不占用宝贵的陆地资源，同时水体的冷却效应可以提高光伏板的发电效率。然而，水面光伏面临的挑战包括更加复杂的安装和维护条件、耐腐蚀和耐恶劣天气的材料需求以及电力传输的效率问题。因此，降本增产的核心在于开发适用于水环境的耐用材料、优化系统设计以降低安装和维护成本，以及提高电力传输的效率。

（五）保持生物质发电总体的平稳增长

生物质能源包括垃圾焚烧发电、农林生物质发电和沼气发电等多种形式，它们在可再生能源领域中各有特点和发展潜力。

垃圾焚烧发电作为生物质能源的一种重要形式，在城市固体废物管理中扮演着重要角色。随着城镇化进程的加快，固体废物量不断增长，垃圾焚烧发电提供了一种有效的废物处理和能源回收方式。未来，垃圾焚烧发电的建设格局将向县域延伸，尤其是在中部等人口密集的县级地区。这些地区因人口聚集导致的固体废物量大，使得垃圾焚烧发电成为处理废物和提供能源的有效途径。因此，这些地区将成为垃圾焚烧发电项目的投资重点。

农林生物质发电虽然是生物质能源的重要组成部分，但其发展受到成本高的制约较为明显。农林残余物的收集、运输和处理成本较高，这限制了农林生物质发电规模的扩大和效率的提高。因此，预计未来农林生物质发电的新增投资将放缓，其发展将更多地依赖于技术创新和成本控制。

沼气发电作为生物质能源的另一重要形式，具有碳资产开发的巨大潜力。沼气发电不仅可以减少温室气体排放，还可以通过碳减排交易获得经济收益。随着全球对气候变化的关注和碳交易市场的发展，沼气发电的碳减排交易收益有望成为其新的利润增长点。此外，沼气发电还可以促进农业废物的循环利用，提高能源利用效率。

（六）地热资源勘察和高质量示范区建设引领发展

查明水热型地热资源的分布、热储特征和资源量是地热能开发的基础。水热型地热资源是指通过热水或蒸汽形式存在的地热能，这类资源通常集中在地质构造活跃区域，如板块边缘和火山区。通过地质勘察和资源评估，可以明确这些地热资源的位置、储量、可开采性和环境影响。准确的资源评估不仅有助于优化地热能的开发策略，还可以降低开发风险和提高经济效益。

重点区域的浅层地热能勘察评价是提高地热能利用效率的重要步骤。浅层地热能通常指地表下几百米内的地热资源，适用于地热供暖、温泉浴场等。在重点区域进行浅层地热能的勘察和评价，可以确定最佳的开发地点和方法，提高资源的利用率和经济价值。此外，浅层地热能的开发相对简单，对环境的影响较小，有助于促进地热能源的可持续利用。

将地热项目信息纳入统一管理平台，并开展项目监测及预警，是保障地热能源可持续发展的重要措施。通过建立统一的信息平台，可以实现地热资源的有效管理和优化配置。同时，对地热项目进行实时监测和预警，可以及时发现和解决问题，确保地热能源的安全、高效利用。供暖期内按月更新项目信息，有助于更好地满足季节性能源需求，提高供暖系统的稳定性和可靠性。

（七）新型储能技术呈现蓬勃发展的趋势

随着可再生能源的快速增长，特别是太阳能和风能等间歇性能源的广泛应用，储能技术成为确保电力系统稳定和提高能源利用效率的关键。在未来五年，新能源配储和独立储能将成为中国新兴储能的主要应用场景。

新能源配储是指将储能系统与新能源发电设施（如风电场、光伏电站）相结合，以平衡间歇性能源产出和电网需求。这种结合不仅能够提高新能源的利用效率，还可以减少对电网的影响。例如，太阳能发电在白天产生过剩电力时，可以通过储能系统存储起来，用于夜间或阴天时的电力供应。同样，风能发电在风力较强时产生的电力也可以存储起来，以备风力减弱时使用。这样，新能源配储能够提高电力供应的连续性和可靠性，有助于促进新能源的更广泛应用。

独立储能则是指储能系统独立于特定的发电设施，直接连接到电网，为电网提供储能服务。独立储能系统可以通过吸收电网低负荷时段的过剩电力并在高负荷时段释放电力，帮助电网调节负荷和优化运行。此外，独立储能还可以提供紧急备用电源、电网频率调节和电压支撑等服务，增强电网的灵活性和稳定性。

新型储能技术的发展涵盖了多种形式，包括化学电池（如锂离子电池）、流电池、压缩空气储能、飞轮储能以及超级电容器等。这些技术各有优势和适用场景。例如，锂离子电池因其高能量密度和成熟的技术而广泛应用于小型储能系统，而流电池则更适用于大规模储能应用，因为它可以提供较长的放电时间和较大的存储容量。

（八）可再生能源制氢和氢储能技术将快速发展

可再生能源制氢和氢储能技术的快速发展背后是电解水制氢成本的下降和下游应用场景的日益成熟，预示着未来可再生能源制氢市场将迎来更广阔的增长空间。同时，氢储能作为一种中长周期新型储能方式，正逐步成为能源行业的重要选择。

可再生能源制氢是指利用太阳能、风能等可再生能源通过电解水的方式制备氢气。随着可再生能源技术的进步和电解水技术的成本降低，这一方法成为实现绿色、低碳氢气生产的重要手段。与传统的化石燃料制氢相比，可再生能源制氢不产生二氧化碳排放，符合全球可持续发展和碳中和的目标。

可再生能源制氢市场的发展得益于多方面因素。技术进步降低了电解设备和相关基础设施的成本，提高了制氢的效率。同时，政策支持和市场需求的增长也为这一市场提供了强劲的推动力。各国政府出台了一系列鼓励氢能发展的政策，包括补贴、税收优惠和研发支持等。此外，下游应用领域，如交通运输、化工和电力行业的氢能需求不断增长，为可再生能源制氢市场提供了广阔的应用前景。

氢储能作为一种中长周期的新型储能方式，具有能量密度高、储存周期长和环境友好等优势。氢气可以通过加压或液化的方式存储，适用于长期或大规模的能量储存需求。在电力系统中，氢储能能够作为一种灵活的储能方式，平衡电网的供需，特别是在可再生能源发电量波动较大时。此外，氢气作为一种清洁能源载体，还可以在交通运输、工业加热等领域替代传统的化石燃料，有助于减少温室气体排放。

随着技术的进步和成本的降低，以及下游应用领域的发展，可再生能源制氢和氢储能技术将在未来的能源市场中扮演越来越重要的角色。通过推动可再生能源制氢和氢储能技术的发展，可以促进氢经济的形成，实现能源系统的可持续发展。

第八章 科学技术发展是助力中国式现代化建设的重要保障

科学技术发展在经济建设、社会治理、生态文明建设等方面发挥了不可替代的作用，体现了科学技术在中国式现代化建设中的多维度影响。在这一进程中需要全方位的坚实保障：理念保障强调了中国共产党领导的核心地位，确保科技发展助力现代化建设始终沿着正确的方向前进；制度保障关乎加强社会主义民主和法治的建设，为中国式现代化提供了一个稳定、有序的社会和法律环境；人员保障则着重于加强科技创新型人才的培养和储备，这是推动科技发展、实现现代化目标的关键因素；安全保障，即加强国家安全体系的建设与监管，确保科技发展助力中国式现代化建设在安全稳定的环境中行稳致远。

第一节 理念保障：坚持中国共产党的领导地位

习近平总书记在党的二十大报告中指出："中国式现代化，是中国共产党领导的社会主义现代化"。中国式现代化的本质特征在党的二十大报告中得到了明确阐述，其核心要求涵盖了九个重要方面，其中"坚持中国共产党的领导"位居首要位置。这一点强调了中国共产党领导的根本性作用，直接影响着中国式现代化的基本方向、未来命运及成功与否。党的领导不仅是中国特色社会主义最本质的特征，也是中国特色现代化道路的核心保障。它确保了中国式现代化在遵循历史规律、顺应时代潮流的同时，能够坚持以人民为中心的发展思想，确保社会主义制度的优势得以充分发挥。在此基础上，中国式现代化能够在保持政治稳定、经济发展、文化繁荣、社会和谐、生态文明等方面实现全面协调发展。

坚持科学技术发展助力中国式现代化建设必须始终坚持党的领导地位，党的性质宗旨、坚定的初心使命、深厚的信仰信念和明确的政策主张共同构成了社会主义现代化的基础。这种现代化区别于其他任何形式的现代化，特别强调走中国自身的发展道路。

自诞生之初，中国共产党就承担了探索适合中国国情的现代化道路的重大任务。坚持理想与现实目标的统一，固守既定目标，通过持续不懈的奋斗，推动了中国现代化的历史进程。党的二十大进一步明确了到 2035 年中国发展的目标要求，为全面建成社会主义现代化强国、促进中华民族伟大复兴描绘了清晰的蓝图。

这一过程深刻体现了党的领导在确保中国式现代化方向明确、目标清晰方面的关键作用。正是由于有了党的坚强领导，中国式现代化得以沿着既定的轨道稳步前进，实现了长期的规划目标和战略布局。在此框架下，科学技术的发展与应用成为推动现代化进程的重要动力，确保了中国在面对国际环境变化和内部挑战时，能够持续、稳定地发展。

科学技术的发展离不开党对科技事业的领导。建党 100 年来，在革命、建设、改革各个历史时期，我们党都高度重视科技事业。尤其自党的十八大以来，以习近平总书记为核心的党中央深刻洞察全球科技革命及产业变革的趋势，充分利用坚持和加强党的全面领导这一政治优势，将科技创新定位为国家发展战略的核心。坚定不移地实施科技自立自强策略，确立了创新驱动发展战略，为国家从科技强到产业强、经济强、国家强转变开辟了创新发展新路径。

党的领导保障科学技术发展助力中国式现代化在正确的轨道上顺利推进。习近平总书记指出："我们坚持和发展中国特色社会主义，推动物质文明、政治文明、精神文明、社会文明、生态文明协调发展，创造了中国式现代化新道路，创造了人类文明新形态。"

中国特色社会主义道路是实现中国式现代化的唯一正确途径，不仅契合中国国情，也符合时代发展要求，并已取得显著成功。它被证明是唯一能够有效促进中国进步、增进人民福祉、实现民族复兴的道路。面对新时代的挑战，确保中国式现代化沿正确轨道顺利推进，必须在中国共产党的坚强领导下，坚定不移地沿着这条道路前进。

这一路径的核心，在于坚持和发展中国特色社会主义的基本原则，并将其创造性地应用于各领域，包括可再生能源的发展。中国特色社会主义现代化的实践证明，通过结合国家政策导向、市场机制和科技创新，中国能够有效地推动可再生能源的快速发展，实现能源结构的优化，从而在全球可再生能源领域走在前列。这种以创新为驱动、以国家战略为导向的发展模式，体现了中国可再生能源发展的独特特点，即在党的领导下，坚持创新和可持续发展的双重目标，实现了可再生能源技术的快速进步和广泛应用。

党的领导为科学技术发展助力的中国式现代化提供科学指引。习近平总书记指出："对于我们这样一个世界上最大的马克思主义执政党来说，理论强，才能方向明、人心齐、底气足。"回顾中国共产党百年的奋斗历史，党之所以能够不断取得历史性成就，根本在于党始终坚持理论建设，用科学理论武装党员干部，确保党的团结统一和强大战斗力。

自党的十八大以来，以习近平同志为主要代表的中国共产党人，坚持把马克思主义原理同中国具体实际相结合，同中华优秀传统文化相结合，从新的实际出发创立了习近平新时代中国特色社会主义思想。这一思想不仅代表了马克思主义中国化的新飞跃，而且为中国式现代化提供了根本遵循。习近平关于中国式现代化的论述深刻阐释了这一重大理论和实践问题，不仅指明了"过河"的目标，也提供了解决"桥"和"船"的方法，为中国式现代化的推进和深化提供了科学指引。

在新的历史征程中，全党必须深入学习习近平新时代中国特色社会主义思想，全面理解并贯彻其核心要义。这要求我们不仅要理解其言语，更要洞察其深层含义和逻辑依据，确保这一重要思想贯穿于中国式现代化建设的各个环节。此外，我们还需深刻学习习近平总书记关于中国式现代化的重要论述，确保其理论精髓和实践指导得到全面贯彻，从而为全面推进中华民族伟大复兴提供坚实的科学理论支撑。

党的领导为科学技术发展助力的中国式现代化提供强大精神力量。习近平总书记指出："作为现代化事业的引领和推动力量，政党的价值理念、领导水平、治理能力、精神风貌、意志品质直接关系国家现代化的前途命运。"中国式现代化道路的成功，根植于中国特色社会主义的基本原则，并融入了鲜明的中国特色和时代特点。

中国特色社会主义道路已被证明为实现中国特色社会主义现代化的唯一正确选择。它不仅符合中国的具体国情，而且适应了时代的发展要求，取得了显著的成就。证明了这是唯一能够有效推动中国进步、提高人民福祉和实现民族复兴的道路。面对新时代的挑战，为确保中国式现代化沿着正确的发展轨道推进，必须在中国共产党的坚强领导下坚定不移地走中国特色社会主义道路。

特别是在可再生能源发展领域，中国特色社会主义道路的实践证明，结合国家政策导向、市场机制和科技创新，中国在全球可再生能源领域的发展走在了前列。这一发展模式强调创新驱动和国家战略指导，实现了可再生能源技术的快速进步与广泛应用。这种模式体现了中国特色社会主义现代化的独特特点，即在党的领导下，坚持创新与可持续发展相结合的目标，实现了可再生能源技术的快速进步和广泛应用。

第二节　制度保障：加强社会主义民主和法治建设

民主与法治的融合发展是中国特色社会主义核心价值观的重要组成部分，也是推进中国式现代化不可或缺的基石。社会主义现代化国家的构建，始终围绕着构建高度民主和法治化的社会主义国家而努力。在中国特色社会主义现代化建设中，科学技术的发展和民主法治的深度融合，共同推动了国家治理体系朝着更加高效、透明和公正的方向发展。

在中国式现代化的过程中，民主被视为社会主义的生命力，法治则是其坚实的保障。在科技不断进步的背景下，民主实践中更加注重科学决策和群众参与，科技手段如网络投票、大数据分析等被广泛应用于民主决策过程中，保证民主决策的科学性和民众的广泛参与。与此同时，法治作为社会治理的基石，在推动科技进步和现代化建设中扮演关键角色。法律规范在保障科技创新和应用中的安全、公平与效率方面发挥重要作用。例如，知识产权保护法律体系的完善，不仅保证了技术成果的合法权益，也激励了科技创新。

科学技术发展助力中国式现代化建设制度保障的核心在于正确处理人民主体性与法治原则之间的关系，将民主与法治有机地结合，推动国家治理体系朝向良治发展。一个现代化国家的标志，在于其民主和法治水平的成熟与高效。从这个角度看，法治不仅是推进科学技术和现代化建设的关键环节，更是确保国家长期稳定发展的根本保障。在中国特色社会主义现代化的框架下，法治的地位和作用不断被强化，其在固定根本、稳定预期、利益长远方面发挥着至关重要的作用。

一、社会主义民主和法治建设为中国式现代化各项任务和工作的有序推进提供基本的方向指引

社会主义民主与法治建设在科技发展助力中国式现代化的进程中扮演了核心角色，为其各项任务和工作的推进提供了基本的方向指引和制度保障。中国共产党自成立以来，一直引领着国家的民主与法治建设，特别是自新中国成立以来，党领导下的民主法治建设已成为国家治理的基石。通过制定和完善宪法法律，中国确立了国家治理的基本框架，形成了一套既具有中国特色又适应时代发展的法治体系。在改革开放以后，中国共产党牢牢把握科技发展的战略重要性，不仅在科技政策制定上体现民主原则，同时通过法治手段保障科技创新和应用的健康发展。

社会主义现代化建设新时期，经由"领导制度、组织制度问题更带有根本性、全局性、稳定性和长期性"①的理念指引，中国共产党领导中国人民加强以宪法为核心的中国特色社会主义法律体系建设，为国家发展奠定制度根基，为科技发展助力中国式现代化建设铸就坚实的制度根基。

党的十八大以来，中国特色社会主义法治体系的构建和完善进入了一个新阶段。在全面依法治国的战略指引下，通过加强法治建设和法律制度的完善，中国不断推进国家治理体系的现代化。这一过程涵盖了国家的根本领导制度、根本政治制度、基本政治制度、基本经济制度以及其他重要制度，确保了国家治理的系统性、规范性、协调性和稳定性。这种全面的法治建设，不仅为中国科技发展和科技创新营造了良好的法治环境，而且巩固了社会主义现代化的发展方向。

法治在保障科技发展助力中国式现代化的过程中发挥着不可替代的作用。它不仅是国家治理体系的根本保障，也是确保科学技术发展的有力武器，更是推动社会主义现代化的关键力量。

---

① 游龙波：《紧紧围绕提高执政水平 深化党的建设制度改革》，《中共福建省委党校学报》2013年第12期。

在未来的发展中，中国将继续加强法治建设，确保现代化建设始终沿着党的领导和中国特色社会主义道路稳步前进。这包括强化全过程人民民主、保障社会公平正义、协调物质文明和精神文明的发展、促进人与自然和谐共生、坚持和平发展道路等重要目标的实现。因此，法治不仅是科技发展和中国式现代化的基石，也是实现国家长远稳定与繁荣的关键因素。

二、社会主义民主与法治的强化是中国式现代化进程中有效应对风险挑战的关键策略

在中国式现代化的发展进程中，唯物辩证法的发展观提供了一个深刻的理论视角，揭示了这一进程的长期性、复杂性及其所面临的挑战与机遇。中国式现代化不仅是经济和技术层面的转型，更涵盖了政治、社会、文化及生态等多个维度的深刻变革。这一过程伴随着多元化的风险和挑战，涉及政治稳定、经济发展、社会和谐以及生态可持续等关键领域。科学技术的发展在这一过程中发挥着重要作用，它不仅驱动经济增长和技术创新，也影响政治格局和社会结构的演变，同时对文化价值观和生态环境产生深远影响。

政治层面上，中国面临着维护国家主权、安全和发展利益的重大任务。在全球化的背景下，国际关系日益复杂，地缘政治竞争加剧，要求中国在坚持独立自主的外交政策的同时，有效应对外部环境的不确定性和复杂性。在国内，政治稳定、法治建设、政治体制改革等方面的挑战也需要稳妥应对。

经济领域中，中国正面临从高速增长向高质量发展转型的重要阶段。这一转型过程中，经济结构优化、创新驱动发展、环境保护与经济发展的协调等诸多方面均面临着前所未有的挑战。同时，全球经济的波动和不确定性给中国经济的稳定增长带来了额外的压力。科技的发展为中国经济的转型提供了重要的支撑。通过科技创新，可以有效推动产业升级和经济结构调整，提高经济发展的质量和效益。在推进科技应用的同时，我们也需要充分发挥民主和法治的保障作用。通过加强公民参与和社会监督，确保

科技发展的成果惠及全体人民，推动经济的包容性和可持续性发展。

在社会层面，随着人口结构的变化、城乡差异的扩大和社会期待的提升，社会治理复杂度显著增加。如何在保持社会稳定的同时有效应对社会问题、缩小社会差距、提升民生福祉，是中国式现代化必须回答的问题。科技的发展为解决这些问题提供了新的可能性和思路。例如，利用大数据和人工智能技术，可以更精准地分析社会问题，为政策制定提供科学依据。同时，信息技术的发展也有助于缩小城乡发展差距，促进资源的合理配置。

生态环境方面，如何在保障经济持续健康发展的同时，实现生态文明建设和可持续发展，是中国面临的另一个重大挑战。这不仅关系到国家的长远发展，也是全球生态安全的重要组成部分。科技的发展为解决这一挑战提供了新的思路和工具。例如，通过应用清洁能源技术、节能技术和循环经济技术，可以有效减少对环境的负面影响，推动经济与生态的和谐发展。同时，环境监测和治理技术的进步也有助于提高环境治理的效率和效果，为生态文明建设提供有力支持。

鉴于上述挑战，中国式现代化的发展战略强调了忧患意识和底线思维的重要性。这意味着在推动发展的同时，要充分估计和准备应对各种可能的风险和挑战，确保国家的长期稳定和持续发展，要求从维护国家安全、稳定社会、促进经济增长、保护生态环境等多个维度出发，综合施策，协调发展。因此，党的二十大报告强调增强忧患意识，坚持底线思维，以防范和应对各种可能的严峻挑战。

法治在中国式现代化进程中扮演着基石的角色，其作为治国理政的基本方式，展现了其独特的预见性、稳定性、公开性和普遍性。这些特质不仅为管理和应对现代化进程中出现的多种风险提供了重要途径，而且构建了一个稳定而可预测的社会框架，从而为社会秩序和经济活动的规范运行提供了坚实的法律基础。

在法治的影响下，社会各方主体得以在一个明确的行为准则和预期中进行活动。这种法律框架的明确性不仅为市场主体和社会成员提供了可靠的行动指南，而且确保了他们的行为与国家法律和政策的一致性。因此，法治在维护社会秩序和促进经济活动中发挥着至关重要的作用。它不仅为公权力机关的行使设定了界限，而且保障了公民的基本权利和自由。法治环境的公正性和透明性是决策和执行的关键，它确保了政府行为的合理性和公众的参与性。

在当前全球化深入发展的背景下，国际格局不断变化，给中国式现代化带来了新的挑战和机遇。这种情况下，法治的重要性愈发凸显，尤其是其稳定性和预见性成为中国应对未知挑战的关键工具。法治不仅为中国式现代化提供了可靠的治理框架，还为科技发展中的不确定性提供了有效的应对策略。

法治的稳定性体现在其为社会各方主体提供了明确的行为规范和预期，确保了国家治理的连续性和一致性。在不断变化的国际环境中，法治作为一种可靠的治理工具，可以帮助社会各界适应并有效应对新的挑战。这种稳定性不仅涵盖了法律规范本身，也包括了法律实施的一致性和连续性，从而为社会成员提供了一个清晰和稳定的预期环境。科技的进步为法治的稳定性注入了新的活力。信息技术的发展使得法律信息的传播更加迅速和广泛，增强了法律的透明度和公众参与度。

法治的预见性则体现在对未来可能出现的风险和挑战的预判能力上。通过法治思维和方式，可以在政策制定和实施过程中提前考虑和评估各种可能的风险，从而制定出更加周全和合理的对策。这种预见性使得中国式现代化能够更加主动地应对全球化带来的各种复杂情况，而不是被动地应对。

此外，法治的普遍适用性和公平性为社会的长治久安和和谐稳定提供了坚实的基础。法治确保了社会各界在面对挑战和冲突时能够依据统一的标准和原则进行处理，保障了社会正义和公平。这种普遍适用性和公平性为社会成员提供了相等的权利和义务，从而增强了社会的凝聚力和整体稳定性。

三、社会主义民主和法治建设为中国式现代化的行稳致远保驾护航

在中国特色社会主义的发展过程中，社会主义民主和法治建设作为上层建筑的核心要素，扮演着不可或缺的角色。习近平总书记明确指出："我们提出全面推进依法治国，坚定不移厉行法治，一个重要意图就是为子孙万代计、为长远发展谋。"法治体现了对社会发展规律和治理经验的深刻洞见。在中国的社会主义现代化进程中，法治作为一种治国理政的基本方式，不仅反映了中国历史和文化的传统，而且适应了社会主义市场经济和社会治理的实际需求。法治的实施为国家提供了稳定、可预期的治理环境，有助于维护社会秩序和促进社会公正，有助于经济平稳发展，并为中国式现代化中科技的发展及应用创造良好的条件。

同时，法治具备时代适应性和动态调整的能力。随着中国经济社会的快速发展，面对的挑战和任务也在不断变化。法治不是一成不变的，而是随着时代的发展而不断进化和完善。这种动态的调整能力使得法治能够适应不同发展阶段的需求，为中国特色社会主义的发展提供稳定的制度保障。

另外，法治是实现国家长期战略目标和规划的基础。法治确保了国家政策和决策的连续性和稳定性，为国家发展提供了坚实的法律基础。通过法治，国家能够有效地实施长远规划，确保社会主义现代化建设沿着既定的轨道稳步推进。通过法治，国家能够确保科技发展的成果惠及全体人民，推动经济、社会和生态的协调发展。民主和法治的保障作用在科技发展的过程中也得以充分体现。通过加强公民参与和社会监督，我们能够确保科技发展的成果真正造福于人民，推动经济社会的可持续发展。

中国式现代化的实现要求社会主义民主和法治建设与国家治理体系及治理能力现代化同步推进，以确保各项制度日臻完善和成型。这需要围绕现代化的顶层设计，基于广泛汇聚党和人民的共识，坚持中国特色社会主义法治道路，全面推进依法治国，利用良法促进社会发展和善治。社会主

义民主和法治建设与国家治理现代化的融合，意味着法律不仅仅是治理的工具，而是治理过程中不可或缺的部分。这要求法律不仅在字面上得到遵守，更要在实践中得到体现。法治的实质性推进，确保了国家治理体系和治理能力与时俱进，反映了社会发展的新需求和新挑战。

法治应当深入融入经济建设、政治建设、文化建设、社会建设、生态文明建设等各项事业中。这种全方位的融合不仅提升了法治的实际效果，也保证了现代化建设在法治的指导下稳步前进。法治的规范逻辑穿透现代化建设的各领域和环节，既是现代化建设的保障，也是推动中国特色社会主义现代化建设的内在要求。

第三节　人员保障：加强科技创新型人才培养储备

习近平总书记在党的二十大报告中指出："教育、科技、人才是全面建设社会主义现代化国家的基础性、战略性支撑。"教育、科技与人才的相互作用构成了加速构建教育强国、科技强国和人才强国的核心动力。国际竞争在本质上是人才竞争。科学技术的发展，作为推动中国式现代化的关键力量，依赖于人才的支撑，尤其是创新型人才的培育和发展。这些创新型人才是创新活动的基石，代表着经济社会高质量发展的战略资源，是国家综合实力竞争的核心要素。

创新型人才不仅具备专业知识和技能，还能够在科技、经济、社会等多个领域进行创新和突破，通过提高教育质量、加强科技创新和人才培养，可以有效地提升国家的创新能力和竞争力，为实现科学技术发展助力中国式现代化建设的长期目标提供坚实的基础。

在新时代的背景下，党中央从国家事业发展的全局战略视角出发，基于改革开放以来的深厚实践经验，为新征程下的人才工作指定了明确的发展方向。这一方向不仅适应时代发展的需求，而且响应全球化背景下的复杂严峻国际竞争局势。在这样的背景下，不断加强国家战略性人才队伍的建设显得尤为重要。

面对全球人才竞争的激烈态势，中国必须构建一个具有强大吸引力和留住人才的环境，打造一个"强磁场"，以便有效地集聚各类人才于党和人民的伟大事业之中。

自党的十八大以来，中央领导集体深刻认识到人才作为实现民族振兴和赢得国际竞争主动权的战略资源的重要性，从而作出了全面培养、引进和有效利用人才的重大战略部署。这一部署有效推动了新时代人才工作取得了历史性的成就。在此基础上，党中央深入探讨并清晰回答了关于建设人才强国的重大理论和实践问题，即明确了建设人才强国的核心意义、必要性以及具体实施路径，提出了一系列创新理念、战略规划和实践措施。

在这一过程中，党中央不仅强调人才的重要性，更注重如何在实践中落实人才强国的构想，形成了一套系统的理论框架和实施方案。这些方案涵盖了人才培养、引进和使用的全过程，着重于提高人才的质量、优化人才结构、创新人才发展机制，以及构建更加开放、包容和有效的人才生态系统。

从党的十八大"广开进贤之路，广纳天下英才"，到党的十九大"聚天下英才而用之，加快建设人才强国"，再到党的二十大"着力造就拔尖创新人才，聚天下英才而用之"等，国家科技创新型人才力量的内涵更加丰富、更加清晰，为深入实施新时代人才强国战略、强化中国式现代化人才支撑提供了根本遵循。

一、坚持人才理论的创新，推进中国式现代化实践

中国式现代化的实践中，人才资源的核心地位日益凸显，成为经济社会发展不可或缺的第一资源。

（一）人才资源是首要资源的理论创新

这一理论的创新和深化，既是对历史经验的总结，也是对未来发展的指引。邓小平同志提出的"尊重知识，尊重人才"的方针，奠定了人才

资源在中国现代化进程中的基础地位。习近平总书记进一步强化了这一方针，提出要全面贯彻"尊重劳动、尊重知识、尊重人才、尊重创造，遵循科学发展规律，推动科技创新成果不断涌现，并转化为现实生产力。"的工作指导思想，强调要为人才的成长创造更广阔的舞台，并鼓励人才为实现"中国梦"的伟大奋斗贡献智慧和力量。

这一理念的更新，不仅深化了对人才资源重要性的认识，而且明确了创新型人才在中国式现代化进程中的关键作用。在这个过程中，人才不仅被视为一种重要的资源，更被视为推动社会发展和创新的主导力量。这一观点强调，人才的培养和使用应贯穿于经济社会发展的各个层面，确保人才的全面发展和优化配置。

（二）人口红利的理论创新

在中国改革开放和现代化发展过程中，人口红利曾经发挥了关键作用，特别是大量的农村剩余劳动力转移至城市，为中国经济的迅猛增长提供了重要动力。然而，随着经济社会的发展和人口结构的变化，中国共产党及时提出了人口红利理论的创新，强调必须从单纯依赖人口红利转向更加依赖人才红利的发展战略。这一转变体现了对国家发展动力的深刻认识和科学规划。

根据这一理论创新，中国式现代化的推进应着力于教育和科技的有机结合，以此全面提升国家的创新能力和经济发展质量。具体而言，中国需加快教育科技领域的关键任务实施，包括改进投资体系、提高资金使用效率、鼓励社会资本的参与、促进资源的开放共享等方面。这些措施旨在通过促进人才的培养和优化人才结构，从而增强全社会的创新能力和创业活力。

对人才培养模式的改革和科技人员创新激励政策的推广，将进一步激发创新精神和创造活力，为中国式现代化提供强大的智力支持和人力资源。

（三）人才红利的理论创新

随着中国经济的发展和进入中等收入国家行列，劳动力成本的不断上升使得传统的"人口红利"优势逐渐减弱。与其他发展中国家相比，单纯依赖劳动力数量优势的发展模式正面临挑战。然而，40多年的改革开放历程不仅推动了经济增长，更重要的是促进了劳动力素质的全面提升和技能水平的显著提高。这种劳动力素质的提升，进一步吸引了外来投资，特别是那些寻求高技能劳动力的投资者。

因此，中国发展的关键动力正在从传统的"人口红利"转向"人才红利"。这一转变体现了中国发展策略的深刻调整和创新。在这个过程中，"人才红利"的概念被提出，强调通过提高全民素质和技能水平，不断培养和吸引高质量人才，从而为中国式现代化提供更为坚实的支撑。这种"人才红利"不仅包含了技术技能型人才的培养，还涉及创新能力和创业精神的培育。

在未来的中国式现代化进程中，将更加注重人才的全面发展和创新能力的培养，通过优化教育体系、强化创新政策和完善人才激励机制，为实现高质量发展和构建创新型国家奠定坚实基础。

二、人才发展现代化的主要方向：专业化、国际化和时代化

提高国家治理体系及能力的现代化程度和促进人的全面发展是中国式现代化的核心目标之一。这包括全方位提升个人的素质、观念、技能和能力，其中，人才培养的现代化是实现个人全面发展的核心要素。人才不仅是衡量国家综合实力的重要指标，而且在关键技术和行业领域发挥着至关重要的作用。因此，推动人才发展的现代化是推动国家全面发展的关键驱动力。

人才发展现代化的主要方向包括专业化、国际化和时代化。专业化意味着人才培养和发展需注重深度知识和技能的积累，以适应各个专业领域不断增长的需求。国际化则强调开阔国际视野，培养具有全球竞争力的人

才，使之能够在全球化的环境中有效交流和协作。时代化则是指人才发展需要与时俱进，紧跟时代发展的潮流，不断创新和更新知识体系，以适应快速变化的世界。这三个方向共同构成了中国式现代化中人才发展的战略重点，不仅推动个体能力的提升，也助力国家整体的现代化进程。

（一）人才发展的专业化

在当代社会，人才的发展与国家经济社会的高质量发展之间存在着密切的关联。联合国在衡量"人类发展指数"时，将"平均受教育年限"作为关键指标之一。在中国，人才发展现代化指数则部分以"大学文化程度"为衡量标准。数据显示，中国具有大学文化程度的人数持续上升，2020年与2010年相比，每10万人中具有大学文化程度的由8930人上升为15467人，且16至59岁的劳动年龄人口平均受教育年限提升至10.75年。据中国教育部的统计，2021年全国拥有大学文化程度人口超2.18亿，仅2022年一年，我国高校毕业生人数就已突破1000万大关，达到1076万。

这一趋势表明，人才的专业化发展与经济社会的高质量发展存在着显著的正相关关系。随着党的二十大提出"优化人口发展战略"，在就业人口数量短期内难以显著增长的背景下，提升劳动力素质显得尤为重要。高素质劳动力的培养对于促进劳动参与率向劳动生产率的转型、持续推动经济增长和社会发展具有关键意义，进而有助于逐步释放"人才红利"。

因此，从"人口红利"向"人才红利"的转变，成为中国经济持续增长的核心动力。在这一转变过程中，专业化的人才培养和发展显得尤为关键，不仅提高了整个劳动力市场的素质，也为中国的经济发展提供了持续的动力和支持。通过专业化的人才培养，不仅可以提高个人的专业能力和知识水平，也能为国家的经济社会发展提供坚实的人力资源基础。

1. 明确科技创新型人才建设的重要任务。党的二十大报告提出"从现在起，中国共产党的中心任务就是团结带领全国各族人民全面建成社会主义现代化强国、实现第二个百年奋斗目标，以中国式现代化全面推进中华民族伟大复兴"。①在中国特色社会主义现代化国家建设的战略框架中，对于深入贯彻新时代人才强国战略，报告提出了明确的决策和部署，强调加速国家战略人才力量的构建。这一过程要求将制度创新和深化改革置于核心位置，特别是在建设现代化经济体系、产业体系和基础设施体系，以及在国防和军队现代化、国家治理体系和治理能力现代化等关键领域。

在此背景下，实施人才强国战略的关键在于培养和造就一批具备高素质、德才兼备的专业人才。这不仅涉及人才的数量增加，更重要的是提高人才的质量和专业能力，以满足国家建设和发展的多元化、专业化需求。专业化人才的培养，是人才发展现代化的重要方向，涉及深度的教育和培训体系的建设，以及专业能力的持续提升和创新。这包括对于现代化产业体系中所需的技术、管理和策略等方面人才的专业培养，以及在国防、科技、治理等多个领域的专业化人才培育。

2.明确科技创新型人才建设的梯队结构。人才梯队建设是实现中国式现代化的关键环节，它为国家的长期发展提供了稳定而持续的人才资源，提高了工作效率、创新能力和竞争力。在中国特色社会主义现代化的广阔框架下，各类人才的协同作用尤为重要。这涉及明确的人才定位和合理的梯队结构，包括战略科学家、一流科技领军人才、青年科技人才、卓越工程师、大国工匠和高技能人才等，构成了国家战略人才力量"塔尖""塔腰"和"塔基"的多层次结构。

当前和未来的人才发展策略，着重在于优化人才梯队的结构，以形成更高层次的"塔尖"，更强大的"塔腰"和更稳固的"塔基"。这一策略的实施，旨在提升人才队伍的整体素质和专业能力，确保国家在关键科技领域和重大项目中拥有足够的顶尖人才支撑，同时也强化了专业技术人才和高技能人才的培养，以满足现代化建设的各个方面的需求

3.明确科技创新型人才建设的培养方式。习近平总书记强调，"让事业激励人才，让人才成就事业""培养造就大批德才兼备的高素质人才，

---

① 高原丽：《以文化自信自强铸就社会主义文化新辉煌》，《奋斗》2022年第21期，第31页。

是国家和民族长远发展大计"。在国家战略人才力量的构建过程中，重视实践经验的积累和能力的提升对于人才的培养和发现至关重要。这要求在创新的实践活动中识别和培育战略科学家，通过参与重大科研任务的攻关来塑造和锻炼一流的科技领军人才及其团队。同时，重视在具体工作中发挥人才的价值，让每个人才能充分发挥其潜能，确保人才得以在其专业领域中尽展才华。

特别要为青年科技人才创造更多的发展机遇，提供实践和深造的平台是提高人才队伍专业化水平的重要手段。此外，对于高技能人才和大国工匠的培养亦需置于现代化建设的实践一线，通过实际工作中的挑战和机遇来提升其专业技能和实践能力。

（二）人才发展的国际化

当前世界正处于百年未有之大变局，这一变局的深层次根源在于科技革命与产业变革。正如习近平总书记所指出的，新一轮科技革命和产业变革正以前所未有的速度推进，科学研究范式、学科交叉融合以及科技与社会经济的融合正发生深刻变革。在这一背景下，人才发展的国际化显得尤为重要。当代国际竞争实质上是一场以科技创新和技术进步为核心的竞争，其关键则是人才竞争。要明确习近平新时代关于人才工作重要论述的科学内涵：

从"人才引领发展"的人才观来看，人才是推动科技创新和产业发展的关键因素。在全球化和信息化时代，创新型人才的培养和引进对于增强国家竞争力具有决定性意义。人才不仅需要具备专业技能和深厚的学术积累，还应具有跨学科和跨领域的融合能力，以适应快速变化的科技和产业发展需要。

优秀创新人才的支撑和增强国家创新能力是人才工作的核心。在科技创新速度日益加快的今天，以信息技术、人工智能为代表的新兴科技的快速发展，要求人才不仅要在自身领域有深入研究，还要能够敏锐地把握科技前沿动态和行业发展趋势。因此，培养和吸引具有创新能力和前瞻性视野的人才，是实现国家创新驱动发展战略的关键。

培养具有全球视野和国际水平的多样化人才是人才工作的最重要任务。在全球化背景下，科技创新和产业变革不仅是国内的事情，更是国际性的议题。因此，需要培养具有国际视野和跨文化交流能力的人才，这些人才能够在国际舞台上展现自身能力，促进国际科技合作和文化交流。这不仅要求人才掌握国际通行的科技知识和技能，还要求他们理解不同文化背景下的工作方式和思维模式。

（三）人才发展的时代化

时代化的人才发展不仅要适应时代发展的需要，而且要积极回应和解决时代提出的各种挑战和问题，特别是在科技创新与理论创新领域。根据党的二十大报告，全面建成社会主义现代化强国的战略安排要求在第一步战略即基本实现社会主义现代化的过程中，深入开展社会科学理论研究与创新。

时代化的人才发展要求科学理论研究与创新必须紧密联系实际，解决新时代改革开放和社会主义现代化建设的实际问题。这意味着，理论研究不应脱离实际，而是应深入实践，直面时代的挑战，对中国之问、世界之问、人民之问和时代之问给出符合中国实际和时代要求的正确回答。这一过程需要培养具有深厚理论功底和敏锐实践洞察力的人才。

科技人员和科学工作者在人才发展的时代化过程中扮演着至关重要的角色。他们需要聚焦于实际遇到的新问题、改革发展稳定存在的深层次问题、人民群众的急难愁盼问题以及国际变局中的重大问题。这要求科技人员和科学工作者不仅要在自己的专业领域内有深入的研究和掌握先进的技术，还要具备跨学科的知识结构和全局的视野，能够提出真正解决问题的新理念、新思路和新办法。

时代化的人才发展还要求高度关注国际发展趋势和全球性问题。在全球化背景下，许多重大问题都具有国际性质，如气候变化、环境保护和公共卫生安全等。因此，具备全球视野和国际合作能力的人才对于解决这些问题至关重要。这种能力不仅体现在掌握国际前沿科技和理论知识上，也体现在理解不同文化背景下的工作方式和思维模式上。

三、优化人才发展环境，筑牢创新型国家根基

（一）人才是实现民族振兴、赢得国际竞争主动的战略资源

党的十八大以来，党中央不断推进人才工作的理论创新和实践创新，推动社会主义事业取得历史性成就。习近平总书记多次指出，"人是科技创新最关键的因素，创新的事业呼唤创新的人才"，"人才是实现民族振兴、赢得国际竞争主动的战略资源"，作出了坚定实施人才强国战略、加快建设人才强国的重大部署。在当今世界，创新型人才的竞争优势直接转化为国家的创新能力优势。2021 年，习近平总书记在两院院士大会上发表的重要讲话中指出："培养创新型人才是国家、民族长远发展的大计。"实质上，创新的推动力来自人才的驱动，一个国家成为创新型国家的基础在于其能够培养出一批具有国际视野和水平的创新型人才。为实现我国科技自主自强的高水平目标，亟须培育大量具备全球视野的战略科技人才、科技领军人才、青年科技人才以及高水平创新团队。

（二）创新型人才的环境创造和优化

在十四届全国人大一次会议江苏代表团的审议中，习近平总书记特别强调了深化科技体制改革的重要性，并指出培育创新文化、完善科技评价体系和激励机制的必要性。这是为了营造一个更加有利于创新人才成长和才能发挥的环境。强调这一点意味着，需要在科技领域推动更深层次的改革，鼓励创新思维、优化科技资源配置、完善科技成果评价标准，以及提升科技人才的激励和支持机制。通过这些措施，可以更有效地激发创新人才的潜能，为他们提供施展才华、实现个人与职业发展的有利条件。

当前，科技创新正成为全球竞争的核心，而人才，特别是创新型人才的培养和发展，是构建创新型国家的基石。在这一背景下，树立尊重知识

和尊重人才的社会风尚，为创新型人才提供充分的支持和保障，是优化人才发展环境的核心内容。（1）尊重知识和人才的社会风尚是创新型人才成长环境的基础。这意味着全社会应该认识到知识和人才的价值，反对不尊重知识分子的错误思想。只有在尊重知识和人才的氛围中，创新型人才才能得到充分的尊重和鼓励，从而更好地投身于科学研究和技术创新。（2）为创新型人才提供充足的科研实践机会至关重要。这不仅包括提供足够的研究资金和先进的研究设施，还包括给予科技工作者足够的自由和空间，使他们能够专心致志地研究和解决问题。特别是在科技创新的第一线，需要大力支持各类人才攻坚克难，无论是基础研究还是应用开发，都应该给予充分的重视和支持。（3）强化政策保障对于优化创新型人才成长环境至关重要。这涉及主动想人才所想、急人才所急、办人才所需的理念，为科技工作者后顾之忧，包括但不限于生活保障、职业发展、知识产权保护等方面。同时，深化人才发展体制机制改革，破除体制机制障碍，尤其是在人才引进、培养、使用、评价、流动和激励等方面，是构建现代人才发展治理体系的关键。

党的二十大报告和 2023 年全国两会上，习近平总书记对教育、科技、人才工作的部署，强调了创新型人才培养的重要性。教育、科技、人才的发展被提到战略高度，表明了国家对创新型人才成长环境优化的重视和承诺。这为创新型人才提供了坚实的政策保障，有助于激发科技工作者的创新潜力，推动科学技术和产业的进步。

创造开放包容的创新环境，促进国际人才交流。在全球化时代背景下，国际人才的交流与合作对于科技创新和文化发展具有重要意义。因此，如何通过构建开放包容的科研环境和文化，吸引全球人才并提升本国人才的国际视野和竞争力，成为科技创新型人才培养的重要任务。第一，创造开放包容的科研环境是吸引国际人才的基础。这一环境包括尊重多元文化、鼓励学术自由和提供公平竞争的机会。为此，需要通过政策支持，如简化签证程序、提供研究资金和改善生活条件等，以降低国际人才的进入门槛。此外，建立国际合作平台，例如共同研究项目、国际会议和学术交流活动，是促进科研人员之间交流的有效途径。通过这些平台，国内外科研人员可以共享资源、交换观点和合作解决问题，从而促进科技创新和学术发展。第二，文化交流活动是增进国际理解和合作的重要途径。这不仅包括学术领域的交流，还涵盖艺术、音乐、文学等多个领域。通过组织多样化的文化交流活动，不仅可以展示本国文化的丰富性和多样性，还可以让国际人才更好地了解和融入当地社会。这种文化的互动和融合有助于打破文化障碍，建立起更紧密的国际合作关系。第三，吸引和留住国际人才的同时，还需要关注国内人才的国际视野和全球竞争力的提升。这要求国内教育和培训系统不仅要关注专业知识和技能的传授，还要注重培养跨文化沟通能力、国际协作能力和全球竞争意识。此外，鼓励国内人才出国交流学习，参与国际项目和活动，也是拓宽其国际视野的有效手段。

第四节　安全保障：加强国家安全体系建设与监管

一、国家安全体系建设的内涵

"国家安全是民族复兴的根基，社会稳定是国家强盛的前提。"习近平总书记在党的二十大报告中以专章论述推进国家安全体系和能力现代化，将国家安全摆在突出位置。这一论述不仅标志着国家安全在中国发展战略中的核心地位，而且强调了在全球和历史变革的背景下，国家安全对于民族复兴和社会稳定的基础性作用。

中国目前正处于一个历史性的转折点，面临着前所未有的机遇和挑战。这一时期是全球格局深刻变化、国内外发展环境复杂多变的时期，中国式现代化进程因此面临着多重风险和挑战。这一复杂的国际环境要求中国必须坚持以人民为中心的发展思想，这是国家安全治理体系和治理能力现代化的关键。以人民为中心的国家安全观强调的是，国家安全必须服务于人民的根本利益，保障人民的安全是国家安全工作的核心。

坚持中国特色的国家安全道路，意味着在维护国家安全的过程中要兼顾发展和安全，统筹内外政策，以及创新和传统的平衡。这一道路的核心是建立一个全面、系统的国家安全治理体系，涵盖政治安全、经济安全、文化安全、社会安全、网络安全和生态安全等多个方面。这样的体系能够更好地应对国内外的风险和挑战，保障国家长期稳定发展。

在推进以人民为中心的国家安全治理体系和治理能力现代化的过程中，科技发展起到了关键的支撑作用。科技的创新和应用不仅是推动经济发展的动力，也是提升国家安全能力的重要途径。科技在维护国家安全、防范风险挑战以及提高治理效能方面发挥着日益重要的作用。

（一）以人民为中心体现了国家安全体系建设的内涵价值

"江山就是人民，人民就是江山。中国共产党领导人民打江山、守江山，守的是人民的心。"在中国共产党治国理政的框架下，以人民为中心的理念是其核心宗旨和指导原则。这一原则在国家安全体系的构建和实施中发挥着决定性作用。正如习近平总书记指出的那样，"国家安全工作归根结底是保障人民利益，要坚持国家安全一切为了人民、一切依靠人民，为群众安居乐业提供坚强保障。"在这一视角下，国家安全不仅关乎领土完整和政治稳定，更在于确保人民群众的根本利益、生活质量和幸福感。

人民在国家安全体系中的地位不仅是道德和政治上的重视，而且是战略层面的重点。人民作为国家安全体系的基础性力量，其广泛的支持和参与是维护国家总体安全的重要动力。从历史和现实的维度看，中国共产党领导下的国家安全策略始终以人民的利益和需求为出发点和归宿，正是这种以人民为中心的治理思想构成了国家安全体系的价值基础和动力源泉。

国家安全的价值指向指明了各领域安全工作的统一目标和方向，即在保障国家安全的同时，也要保障人民群众的安全和利益。这种全民性的安全观念要求国家安全工作不仅要防范外部威胁，同时也需要关注内部稳定、社会和谐和人民福祉，需要在社会治理、经济发展、文化繁荣等多个维度上下功夫，以确保国家安全的全面性和持续性。

（二）国家安全体系建设的内涵要素

随着中国全球化进程的不断推进，国家安全日益成为维护国家利益和保障国家发展的重要任务。在新的历史条件下，全面加强国家安全体系建设，成为确保中国式现代化顺利进行的迫切要求。全面加强国家安全体系建设，对于维护国家的政治安全、经济安全、社会安全、信息安全、生态安全和军事安全具有重要意义。

1. 政治安全

政治安全在国家安全体系的建设中占据核心地位，它是国家安全架构中最为关键的元素，紧密关联着国家的根本利益和长远稳定。政治安全的维护是确保政权持续稳定及国家治理有效性的基石。在现阶段，中国正面临着加快中国式现代化进程的重大任务，同时也面临着多元化的安全挑战。这些挑战不仅涉及传统的政治和军事领域，还涵盖了经济、社会、信息、生态等多个方面。

2. 经济安全

经济安全在构建国家安全体系中扮演着至关重要的角色。作为现代国家安全架构的重要组成部分，经济安全直接关系到国家的独立发展和社会的长期稳定。它的核心在于确保国家经济体系的健康、平衡与持续发展，同时防范和应对可能威胁国家经济安全的内外因素。

在全球化背景下，构建一个全面且健全的经济安全体系变得尤为重要。这要求国家不仅要重视经济发展的速度和规模，更要关注其结构和质量。加强稳定发展的基础建设，如基础设施、能源保障、食品安全等，是保障经济安全的基本前提。此外，提升国家的自主创新能力，保护和发展核心技术及关键产业，对于增强国家经济的竞争力和自主性至关重要。

外部经济风险的防范和应对，特别是在全球金融市场中的风险管理和控制，是经济安全的重要组成部分。通过建立和完善金融安全体系，可以有效避免或降低外部经济波动对国内经济的影响。同时，建立全面的信息化安全体系，是应对数字时代经济安全挑战的必要举措。

3. 军事安全

军事安全构成了国家安全体系的基石和保障。在当今世界，伴随着地缘政治的变动和各种潜在冲突的增加，维护国家的领土完整和海洋权益成为一个核心议题。此背景下，建立和巩固一个全面且适应时代要求的国防体系显得尤为重要。这不仅涉及加强传统军事力量的建设，还包括提升国防科技水平和改进军事训练与防卫能力。

加强军事力量的建设意味着提升国家的整体防御能力，这包括但不限于武装力量的现代化、装备的升级和战术的创新。同时，提升国防科技水平是军事安全的关键。在快速发展的科技背景下，高新科技的运用（如人工智能、无人系统和网络战等）在现代战争中占据了重要地位。因此，国防科技的创新与应用成为提升军事效能的重要途径。此外，加强军事训练和防卫能力对于应对各种潜在威胁和挑战至关重要。这包括从战术训练、战略规划到危机管理的各个方面，确保军事人员在不同的安全挑战中能够有效地行动和应对。

4. 社会安全

社会安全作为国家安全体系中的关键环节，直接影响着国家的长期稳定和人民的福祉。这一领域的安全不仅关乎社会的整体稳定，也涉及每个公民的日常生活和基本权益。因此，社会安全的维护不仅是政府责任的重要组成部分，也是国家安全体系中不可或缺的环节。

社会安全的核心在于维护社会稳定和保障人民的安居乐业，这要求从多个维度来加强社会治理。首先，改善民生和提升社会公平正义是社会安全的基本要求。这包括但不限于提供基本的社会福利、保障就业、优化收入分配、保护弱势群体的权益等。其次，增强社会公共安全能力，如通过预防和应对自然灾害、公共卫生事件、社会冲突等，是确保社会长期稳定的关键。此外，对社会组织的有效监管也是社会安全的重要方面。通过规范社会组织的运作，加强对其活动的监督，可以有效地预防和减少社会动荡和冲突。最终，维护社会基本稳定，保护人民群众的合法权益，是实现社会安全的根本目的。通过这些措施，可以营造一个和谐、稳定的社会环

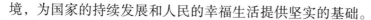

境，为国家的持续发展和人民的幸福生活提供坚实的基础。

5. 信息安全

信息安全在当前国家安全体系的构建中占据了重要的战略方向。在信息化和网络化深入发展的当代社会，信息安全已成为国家安全的关键组成部分，其重要性在于保障国家的数据安全、网络空间安全和信息流通的安全。因此，建立和完善国家信息安全保障体系，成为维护国家安全的必要举措。首先，加强信息基础设施的安全保护，是信息安全的基础工作。这包括加强对关键信息基础设施的保护，确保网络和数据中心的安全运营，防范网络攻击和数据泄露等风险。其次，对网络威胁的防范和应对策略，需要持续更新和强化。这涉及对网络空间中的各种潜在威胁进行实时监控和分析，以及制定有效的应急响应计划和安全措施。此外，网络空间的法治建设也是确保信息安全的关键。通过制定和完善相关的法律法规，可以为网络行为设定明确的界限和规范，同时为信息安全提供法律保障。最后，提升网络技术和培养网络安全人才的研发实力，是长远维护信息安全的关键。这要求在技术创新和人才培养上投入必要的资源和努力，确保国家在信息安全领域具备足够的技术优势和人才储备。

6. 生态安全

生态安全是国家安全体系的关键组成部分，对国家的长期稳定与发展具有根本性影响。生态安全直接关联到国家的可持续发展和公民的福祉。在此背景下，构建一个全面且有效的环境保护制度，以及加强生态环境的监测与预警机制，显得尤为重要。这不仅涉及传统的环境保护措施，如污染控制和生物多样性保护，还包括推动绿色经济的发展和鼓励可持续的生产与消费模式。这些措施旨在实现人与自然的和谐共生，确保自然资源的有效利用与保护。

二、加强国家安全体系建设与监管

实现中国式现代化的进程中，对国家安全体系的全面强化是一项不可或缺的任务，它关系到人民的广泛福祉和国家的长远发展。鉴于当前国际安全环境的复杂性及国内外安全挑战的多样化，加强国家安全体系的建设成为中国发展战略中的一个紧迫诉求。这种加强不仅是对传统安全威胁的应对，更涉及对非传统安全挑战的预防和管理。

在全球安全局势日趋复杂和多变的当下，中国面临的安全挑战表现为多层次、跨领域的特征。这要求国家安全体系的建设和监管必须具有全面性、预见性和适应性。全面加强国家安全体系建设的战略意图在于构建一个灵活、高效且能够响应各种安全挑战的体系。这包括但不限于政治、经济、社会、信息、生态和军事等多个安全维度。

（一）完善法律法规体系，加强国家安全体系制度建设

国家安全体系制度建设，关键在于构建和完善法律法规体系，确保国家安全制度的建设具有坚实的法治基础。这涉及制定和修订与国家安全相关的法律法规，以明确国家安全的定义、范畴和关键内容，从而确保国家安全工作在法治轨道上运行。加强国家安全法律制度体系的构建，意味着为国家安全各项措施提供法律依据和规范指导，确保国家安全工作的合法性和有效性。此外，法律法规的普及和宣传对于提高公众对国家安全重要性的认识和理解至关重要。通过普及国家安全相关法律法规，可以增强社会公众的法律意识和法治观念，形成全社会维护国家安全的共同责任感和参与意识。这不仅有助于构建一个法治化、规范化的国家安全环境，也是推进国家安全体系建设的重要组成部分。

（二）强化监督机制，加强国家安全体系建设监督管理

为确保国家安全工作的有效开展，建立和完善监督机制是不可或缺的环节。这一机制的核心在于实施对国家安全工作的全面监督和管理，确保其在法律框架内运行，并具有高效性和透明度。此举涉及两个主要方面：一是加强国家安全工作的监督是确保安全措施合法性和合规性的关键。这包括对国家安全机关和相关部门的监督，以及对实施的安全政策和程序的审查。监督的目的在于确保所有国家安全活动均符合法律法规，遵循既定

的政策方针，并且有效地实现预定目标。这种监督不仅应从法律合规性的角度进行，还应关注实际操作的效果性，即安全措施在实际中的执行情况和成效。二是增强国家安全信息的收集、整理和分析能力是及时发现和应对安全威胁的重要前提。这包括对国内外潜在安全威胁的持续监测，以及对相关情报的系统分析。通过建立有效的信息收集和分析机制，可以提前识别并应对各种安全挑战和风险。这要求不仅依赖先进的技术手段进行数据收集和处理，还要依靠专业人员的判断和分析，以确保对安全威胁的准确识别和有效应对。

（三）进一步强化国际安全交流合作

国家安全在全球化的背景下已不再是一个国家单独的事务，而是需要在国际合作的框架下共同维护。为了应对跨国界的安全挑战，必须加强国际安全合作，构建和推动国际安全机制和规则的发展。这包括与各国共同开展安全合作，积极参与国际安全事务，以及应对全球性安全挑战。这种合作不仅限于双边层面，也包括多边和地区性的安全合作。此外，与周边国家的安全合作对于维护边境地区的安全稳定至关重要。这种合作有助于构建一个和平、稳定的边境环境，推动共建共享的安全地区，减少边境冲突和不稳定因素。此类合作可以包括边境安全管理、跨境犯罪打击及环境保护等多个方面。

国际组织在推动全球和地区安全稳定方面发挥着关键作用。因此，加强与联合国、上海合作组织等国际和地区组织的合作，是实现国家安全战略目标的重要途径。通过这些国际平台，可以共同应对包括恐怖主义、网络安全、环境变化等在内的国际安全挑战，维护全球和地区的和平与稳定。

（四）加强技术创新和国家安全大数据建设，提升国家安全科技实力和智能化水平

在当代科技高速发展的时代背景下，国家安全领域面临着不断演变

的挑战和威胁。应对这些挑战，不仅需要传统的安全措施，更需要依托技术创新来提升国家安全科技实力。这要求加强对关键科技的研发和实际应用，提升国家安全领域的自主创新能力。科技创新在确保国家安全和信息安全方面发挥着核心作用，包括但不限于加强加密技术、网络安全技术以及监测和预警系统的研发。

科技自立自强作为国家发展的战略支柱，对确保国家安全和维护独立自主具有重大意义。在当前全球化和技术密集的国际环境中，科技自立自强能显著减少对外国技术的依赖，从而避免在关键技术领域受制于人，保障国家在科技创新和应用上的自主权。此外，科技自立自强还是提升国家在全球舞台上的影响力和话语权的关键因素。通过增强国家的科技创新能力，可以提高其在国际事务中的地位和作用，促进国家利益的有效维护。进一步而言，科技自立自强有助于防止外部力量对国家进行技术封锁和限制，确保国家在关键技术和战略资源上的自主性和安全。在国际竞争日益激烈的背景下，科技自立自强不仅是国家安全的屏障，也是实现中国式现代化的重要途径。坚持科技自立自强，可以有效促进国家经济的高质量发展，推动社会全面进步，并在国际竞争中赢得主动权。

因此，对于国家安全领域的专业人才培养和提升亦至关重要。通过加强教育和培训，提高人才队伍在技术知识和实践应用方面的整体素质，为国家安全领域提供强有力的人力资源支持。这包括对网络安全、数据分析、智能技术等关键领域的人才进行特别培养和发展。

信息技术的进步使得大数据成为国家安全工作的关键支柱。推进国家安全大数据建设意味着建立一个全面的、集成化的大数据平台，用于整合和分析各类安全相关数据。这一平台应具备高度的数据安全性和可用性，能够增强对安全威胁的感知、分析和响应能力。国家安全智能化的建设是提升国家安全工作效率和质量的关键。这包括在国家安全领域内应用人工智能、大数据分析、云计算等前沿技术，使安全工作更加精准、高效和自动化。智能化技术的应用可以显著提高对复杂安全威胁的响应速度和处理能力，为国家安全的长期稳定提供坚实的技术支撑。

（五）加强思想教育和国家安全宣传，弘扬国家安全意识，营造安全稳定的社会环境

党的二十大报告指出："我国发展进入战略机遇和风险挑战并存、不确定难预料因素增多的时期"。全球层面上，逆全球化倾向、单边主义和保护主义的上升，加之局部冲突的频发和全球性问题的加剧，对国家安全构成了前所未有的外部挑战。国内方面，随着改革发展的深入，中国面临着解决一系列深层次矛盾和风险的任务，包括政治、经济、意识形态和生态等多个领域的安全风险，同时粮食、能源、产业链和供应链的安全风险亦在增加。这些内外部安全风险的叠加使得维护国家安全和社会稳定的任务变得更加艰巨。与此同时，当前中国国家安全体系尚存在不足，应对这些重大风险挑战的能力有待加强。因此，加强国家安全意识，提升维护国家安全和社会稳定的能力，变得比历史上任何时候都更为迫切和重要。

我们要全面深刻认识国家安全形势变化的新特点新趋势，全面深刻认识习近平总书记强调的"保证国家安全是头等大事"，全面深刻认识国泰民安是人民群众最基本、最普遍的愿望，维护国家安全是人民群众根本利益所在。为此，必须采取积极措施强化国家安全教育，并提升公众的安全意识与能力。这要求构建坚固的国家安全民众防线，通过教育和宣传活动提高公众对安全威胁的认识和应对能力。同时，我们需采取前瞻性的态度，提倡居安思危的理念，以及未雨绸缪的准备，使得在面对潜在的安全挑战时能够迅速、有效应对。这包括对变化迅速的国际和国内局势的敏感性，以及对未来可能出现的安全挑战的预见性。

加强国家安全工作的核心在于提升整个社会对安全的认识和责任感。这要求在全社会范围内深化国家安全教育，增强公民对国家安全的意识以及法治的认知。这种教育的目标是促进社会形成对国家安全重要性的广泛共识，以及承担共同责任的态度，从而推动全面实施国家安全战略的意识和行动。此外，对青少年的国家安全教育尤为重要，其目的在于培育年轻一代的安全意识和责任感，为国家安全的未来发展奠定坚实的基础。同

时，国家安全工作的宣传是构成国家安全工作不可分割的一部分。加强对国家安全政策的宣传工作不仅能提高公众对国家安全工作的了解和支持，还能通过各种宣传形式，加强国家安全工作的解读和传播，营造全民共同参与国家安全工作的氛围。这样的宣传活动有助于扩大国家安全工作的社会影响力和效应，从而在全社会中形成对国家安全重要性的广泛认识和支持。

（六）统筹发展和安全，将国家安全体系和能力建设与党和国家各项工作协同综合推进

党的二十大报告指出："必须坚定不移贯彻总体国家安全观，把维护国家安全贯穿党和国家工作各方面全过程，确保国家安全和社会稳定。"自改革开放以来，中国经历了显著的经济增长与社会稳定，其基础在于党和国家对发展与安全的关系给予了高度重视，并采取了科学的方法来平衡两者。在此背景下，国家安全与社会发展被视为相辅相成的双方，安全提供了发展的必要条件，而发展又为安全提供了物质基础。因此，坚持统筹发展和安全成为国家战略的重要组成部分。

国家安全体系和能力的建设是国家治理的一个重要方面，这为将国家安全体系和能力建设与党和国家的整体工作相结合提供了基础。这要求采取全面、协调、整合的工作方式，将国家安全体系和能力建设融入国民经济和社会发展的长期规划中，确保国家安全与其他领域的工作协同推进。这包括将国家安全的领导体制、法律制度和制度建设与国家机构改革、法治国家建设以及政府职能的转变和完善相结合。此外，国家安全能力的提升应与国家治理能力的增强相辅相成，从而为政府提供更高效、更全面的安全职能，以推动国家治理的现代化。通过这种综合的方法，可以确保国家安全体系和能力的现代化与国家整体发展战略的协调一致。

三、加强国家安全体系建设与监管是推动科技发展助力中国式现代化行稳致远的突出关切和重要保障

（一）国家安全体系的现代化建设是推动科技发展助力中国式现代化道路的有力保证

习近平总书记在党的二十大报告中强调"推进国家安全体系和能力现代化，坚决维护国家安全和社会稳定"，从统筹发展和安全的战略高度对国家安全做出新的部署，这一战略部署高度强调了在全面发展和安全保障之间的协调，提出了构建现代化国家安全体系建设的需求。随着中国经济的持续发展、社会进步及其不断扩大的对外开放，国家安全治理的范围和要求已经显著增长，需要更加全面和灵活的应对策略。习近平总书记的这一论述不仅明确了国家安全的综合性特点，即覆盖外部安全和内部安全、国土安全和国民安全、传统安全和非传统安全等多个领域，而且强调了以人民安全为中心，以政治安全为基础的原则。在此框架下，中国致力于构建一个全面、系统的国家安全治理体系，旨在增强国家对内外各类安全威胁的应对能力，从而保障国家主权、安全和发展利益。国家安全体系的现代化建设被视为推动科技发展助力中国式现代化道路的重要保障。在全球化和快速变化的国际环境中，确保国家安全和社会稳定对于中国持续发展至关重要。通过推进安全治理体系和能力的现代化，中国能够更好地应对新时代所带来的挑战和机遇，保护其长期发展利益，促进其在全球舞台上的稳定和繁荣。

（二）以人民为中心的发展思想是实现科技助力中国式现代化的应有之义

科技发展助力中国式现代化的核心理念在于其坚定的以人民为中心的发展思想。这一理念不仅是中国式现代化的显著特征，而且构成了其实现路径的复杂性和独特性。在巨大的人口规模面前，科技发展助力中国式现

代化采取的以人民为中心的策略，既是对发展动力的科学统筹，也是对安全挑战的有效回应。这种以人民福祉为核心的发展模式不仅体现了正确的发展观和现代化观，而且彰显了社会主义现代化的特质和价值取向。中国式现代化的一个显著特点是全体人民共同富裕的目标。这一目标不仅体现了社会主义现代化的公平分配原则，而且彰显了马克思主义政党的本质和宗旨。通过坚持以人民为中心的发展思想，并走共同富裕的道路，中国式现代化展现了其内在的逻辑和价值追求。进一步而言，科技发展助力中国式现代化的终极目标是实现人的全面发展，即满足人民对于美好生活的深层次需求。这种以人民为中心的发展思想不仅是科技发展助力中国式现代化的重要驱动力，更是其持续发展的必然要求。因此，在推进国家安全体系和能力现代化的过程中，坚持以人民为中心的发展思想，不仅是对中国式现代化道路的深化理解，更是确保科技发展和现代化过程顺利进行的重要保障。

国家安全在国家发展架构中占据着至关重要的基石地位，它不仅是国家发展的保障，更是人民福祉的根本保障。在这个框架下，统筹发展和安全的战略思维，以及构建以人民为核心的国家安全治理体系，显得尤为关键。习近平总书记的强调"始终坚持一切为了人民，一切依靠人民"，不仅反映了国家安全的核心价值观，也揭示了中国式现代化的战略导向。"一切为了人民、一切依靠人民"的原则，深刻阐明了人民与国家安全的紧密联系。当人民的需求得到满足，人民自然会成为国家安全的坚实支柱。换言之，国家安全的真正实现，依赖于人民的广泛参与和深刻理解。因此，以人民为中心的发展思想不仅是国家安全的宗旨和基石，更是国家安全治理体系构建的基础。这一体系的有效性在于其能够全面防范和化解各种风险挑战，从而确保中国式现代化的顺畅推进和中华民族伟大复兴的实现。在这个过程中，以人民为中心的发展思想不仅是对科技发展助力中国式现代化的必然要求，更是对现代化实现的本质诠释。这种思想指引着科技发展与社会进步的方向，确保科技进步服务于人民的根本利益，促进社会公正和全面发展。

（三）坚持创新性思维，实现更高质量的公共安全治理，协调推进科技发展助力中国式现代化建设

在推进科技发展助力中国式现代化的进程中，创新性思维在公共安全治理领域扮演着关键角色。首先，维护社会安全与稳定的核心在于加强与完善执政党对平安治理的全面领导。执政党在平安建设的方向引导、战略规划、组织指导和实际执行中的作用不可替代，这构成了平安工程成功的关键链条。其次，将集中制优势转化为有效地治理优势是提升公共安全治理质量的关键。在战略引导、力量汇集和集中治理的各个环节上，需要发挥创新思维，将"集中力量办大事"的制度优势转化为平安建设的治理优势和治理成效，实现发展与安全的协调统一。

另外，构建韧性城市、智能安全社区和平安乡村是实现更高质量公共安全治理的重要抓手。运用云计算、大数据、人工智能等现代技术赋能公共安全治理，不仅提高了效率，还增强了预防性和系统性。这种技术驱动的治理模式在确保人防、物防、技防各环节的顺畅运作中起到关键作用，实现了将安全风险控制在潜在危险之前，将问题隐患解决在事故发生之前。这不仅完善了公共安全体系，而且促进了公共安全治理模式向更加预防性和前瞻性的转变，推进科技发展助力中国式现代化建设的协调发展。

（四）坚持系统性思维，完善更广泛参与的社会治理共同体，实现"人人共享"的中国式现代化

坚持系统性思维并完善具有更高参与度的社会治理共同体在科技发展助力中国式现代化建设中至关重要。在党的领导下，社会治理共同体形成了一个多元参与的整体，包括价值共同体、目标共同体和利益共同体。这种社会治理模式与实现中国式现代化的目标——即确保人民幸福和中华民族伟大复兴是一致的。

为了实现这一目标，推进国家安全体系和能力现代化，坚决维护国家安全和社会稳定，已成为必要的战略部署。这不仅涉及国家安全和内部

安全，也关乎传统与非传统安全领域的综合管理。建立高水平的"平安中国"不仅是对发展与安全统筹兼顾的回应，更是对人民安全理念和底线思维的强调。

同时，完善社会治理体系，推进共建共治共享模式，对提升社会治理的效能至关重要。这涉及畅通群众诉求表达、利益协调、权益保障的多个渠道，建立一个每个人都有责任、能尽责，并且享有权益的社会治理结构。这种社会治理共同体不仅是中国式现代化的承载体，而且是推动社会治理现代化的内在要求。它体现了实现人民幸福生活和民族复兴的"人人有责"和"人人尽责"的理念，在党的领导下，激发人民的创造力，共同实现"人人共享"的目标和价值。

参考文献

[1] 中国现代化战略研究课题组 . 中国现代化报告 2010：世界现代化概览 [M].
北京：北京大学出版社，2010.

[2] 王缓倌 . 科技现代化 [M]. 北京：科学普及出版社，1988.

[3] 罗斯托 . 经济增长的阶段 [M]. 郭熙保，王松茂，译 . 北京：中国社会科学
出版社，2001.

[4] 芮明杰 . 突破结构“陷阱”：产业变革发展新策略 [M]. 上海：上海财经大
学出版社，2021.

[5] 唐莲英 . 中国共产党与科技现代化 [M]. 宁夏：宁夏人民出版社，2005.

[6] 薛澜，梁正 . 构建现代化中国科技创新体系 [M]. 广州：广东经济出版社，
2021.

[7] 程萍 . 科技体制和科学素质现代化：思考与调查 [M]. 北京：东方出版社，
2022.

[8] 孙国生 . 供给侧结构性改革理论实践与发展探究 [M]. 北京：华龄出版社，
2021.

[9] 张晓燕，张方明 . 数实融合：数字经济赋能传统产业转型升级 [M]. 北京：
中国经济出版社，2022.

[10] 常樵，等.社会主义与人的现代化——邓小平关于人的现代化思想研究 [M].长春：吉林人民出版社，2003.

[11] 欧阳康.国家治理现代化理论与实践研究 [M].武汉：华中科技大学出版社，2021.

[12] 罗峰，等.中国国家治理现代化的探索与实践 [M].上海：上海人民出版社，2021.

[13] 王小静，魏士国.国家治理现代化的中国逻辑 [M].北京：研究出版社，2020.

[14] 陈志刚.可信任的治理：以数字政府推进国家治理能力现代化 [M].北京：北京联合出版有限公司，2023.

[15] 杜庆昊.数字治理与国家治理现代化 [M].长春：吉林人民出版社，2022.

[16] 薛建明，仇桂且.生态文明与中国现代化转型研究 [M].北京：光明日报出版社，2014.

[17] 钱海.生态文明与中国式现代化 [M].北京：中国人民大学出版社，2023.

[18] 黄松涛.新时代法治社会建设理论与实践 [M].北京：中国民主法制出版社，2021.

[19] 黄小平.基于素质结构模型的科技创新型人才评价 [M].北京：中国社会科学出版社，2017.

[20] 孙菲，路程.基于培养创新创业人才的科技创新研究 [M].北京：经济日报出版社，2019.

[21] 赵家骐.科学技术的新发展与现代化建设 [M].北京：中国经济出版社，2002.

[22] 胡拥军，单志广.数字引领未来——数字经济重点问题与发展路径研究 [M].北京：中国计划出版社，2023.

[23] 孙福全.加快实现科学技术现代化是建设社会主义现代化强国的战略支撑 [J].中国科技论坛，2022（8）：1.

[24] 戴木才.论世界现代化发展的普遍性特征 [J].厦门大学学报（哲学社会科学版），2023（3）：1-20.

[25] 张文显.中国式国家治理新形态 [J].治理研究，2023（1）：4-27.

[26] 赵中源，黄罡，邹宏如.国家治理现代化的内在理性，变革逻辑与实践形态 [J].政治学研究，2022（1）：12.

[27] 邢占军.全面建成小康社会与中国式现代化建设 [J].理论学刊，2023（3）：5-12.

[28] 韩喜平.中国式现代化对人类文明的历史性贡献 [J].人民论坛，2023（10）：6-13.

[29] 杨军，杨波.论中国式现代化发展战略的历史脉络、理论逻辑与实践进路 [J].湖南科技学院学报，2023（2）：1-6.

[30] 方兰欣，郑永扣.中国式现代化道路的生成逻辑与学理阐释 [J].河南社会科学，2023（1）：36-43.

[31] 陆晓娇，杨学功.中国式现代化：历史生成，本质规定，世界意义 [J].江淮论坛，2023（4）：5-15.

[32] 柯尚哲，周明长.三线铁路与毛泽东时代后期的工业现代化 [J].开放时代，2018（2）：49-66.

[33] 柯福艳，顾益康.工业化、城镇化、农业现代化同步发展：障碍因素，长效机制与改革举措 [J].农村经济，2013（1）：42-46.

[34] 侯佳宁.开启经济内循环：以多技术组合优化产业发展，实现供给侧改革 [J].中国产经，2020（20）：32-34.

[35] 黄楚刁.双循环新发展格局对中国式现代化的影响研究 [J].工业技术经济，2023（12）：136-145.

[36] 赵雷.数字经济时代传统产业创新融合发展研究 [J].中国管理信息化，2023（12）：68-71.

[37] 尤乐.数字经济对传统产业转型升级的影响与策略研究 [J].大众文摘，2023（35）：137-139.

[38] 石海娥.新实体：数字经济与传统产业深度融合 [J].光彩，2022（2）：20-21.

[39] 沈坤荣，孙占.新型基础设施建设与我国产业转型升级 [J].中国特色社会

主义研究，2021（1）：52-57.

[40] 马荣，郭立宏，李梦欣.新时代我国新型基础设施建设模式及路径研究
[J].经济学家，2019（10）：58-65.

[41] 白春礼.坚持科技创新 促进可持续发展[J].中国科学院院刊，2012（3）：
259-267.

[42] 郝跃，陈凯华，康瑾，等.数字技术赋能国家治理现代化建设[J].中国科
学院院刊，2022（12）：1675-1685.

[43] 辛勇飞.数字技术支撑国家治理现代化的思考[J].人民论坛·学术前沿，
2021（17）：24-31，83.

[44] 中国科学院学部重大咨询项目"信息技术支撑国家治理现代化的战略研
究"总体组.数字技术赋能国家治理现代化建设：挑战及应对[J].国家治
理，2023（5）：52-55.

[45] 李曦辉，弋生辉.中国式生态文明现代化的成就与经验[J].北方民族大学
学报（哲学社会科学版），2023（2）：23-31.

[46] 薄海，赵建军.生态现代化：我国生态文明建设的现实选择[J].科学技术
哲学研究，2018（1）：100-105.

[47] 解丹琪.生态文明治理的现代化亟需强化生态经济伦理[J].中华环境，
2020（10）：57-60.

[48] 张云峰.基于新能源发电的水力发电技术研究[J].节能与环保，2023（9）：
47-49.

[49] 赵鹏，李杨锦钰，解雨婷.创新型科技人才标准画像研究[J].学会，2023
（5）：52-57.

[50] 许壮，吴子怡，王锦帆.多学科交叉融合创新型人才培养模式研究[J].科
技风，2023（31）：40-42.

[51] 北京大学课题组，黄璜.平台驱动的数字政府：能力、转型与现代化[J].
电子政务，2020（7）：2-30.

[52] 孟天广.政府数字化转型的要素、机制与路径——兼论"技术赋能"与
"技术赋权"的双向驱动[J].治理研究，2021（1）：5-14.

[53] 丁蔇.科层制政府的数字化转型与科层制危机的纾解 [J].南京大学学报（哲学、人文科学、社会科学），2020（6）：112-120.

[54] 李齐，曹胜，吴文怡.中国治理数字化转型的系统论阐释：样态和路径 [J].中国行政管理，2020（10）：44-51.

[55] 朱锐勋，王鹏.地方政府数字化转型创新模式探讨——基于广东省数字政府实践 [J].贵州省党校学报，2020（4）：71-78.

[56] 许峰.地方政府数字化转型机理阐释——基于政务改革"浙江经验"的分析 [J].电子政务，2020（10）：2-19.

[57] 吴沈括，黄诗亮.美国政府数字化转型的路径框架研究基于 NEW AMERICA 智库报告的分析 [J].信息安全研究，2021（7）：120-125.

[58] 章燕华，王力平.国外政府数字化转型战略研究及启示 [J].电子政务，2020（11）：14-22.

[59] 李齐，曹胜，吴文怡.中国治理数字化转型的系统论阐释：样态和路径 [J].中国行政管理，2020（10）：44-51.

[60] 张鸣.从行政主导到制度化协同推进——政府数字化转型推进机制构建的浙江实践与经验 [J].治理研究，2020（3）：26-32.

[61] 戴祥玉，卜凡帅.地方政府数字化转型的治理信息与创新路径——基于信息赋能的视角 [J].电子政务，2020（5）：101-111.

[62] 文宏.基层政府数字化转型的趋势与挑战 [J].国家治理，2020（38）：11-14.

[63] 刘祺.当代中国数字政府建设的梗阻问题与整体协同策略 [J].福建师范大学学报（哲学社会科学版），2020（3）：16-22.

[64] 刘红玉.习近平关于建设数字中国重要论述的四维意蕴 [J].湖南大学学报（社会科学版），2020（5）：10-14.

[65] 王文，刘玉书.论数字中国社会：发展演进、现状评价与未来治理 [J].学术探索，2020（7）：48-61.

[66] 阳银银，贾淑品.科技创新赋能我国生态治理现代化的缘起、条件和路径 [J].党政研究，2023（1）：67-75.

[67]　张成福，谢侃侃. 数字化时代的政府转型与数字政府 [J]. 行政论坛，2020（6）：37-41.

[68]　徐鹏. 中国的民主法治建设研究 [D]. 西安：西安建筑科技大学，2023.

[69]　刘密霞. 数字中国建设需要系统思维 [N]. 学习时报，2021-06-04（A3）.